La vida al borde del abismo

La mayor extinción conocida de la Tierra

José T. López Gómez

 CSIC

CATARATA

© José T. López Gómez, 2024
© CSIC, 2024
http://editorial.csic.es
publ@csic.es
© Los Libros de la Catarata, 2024
Fuencarral, 70
28004 Madrid
Tel. 91 532 20 77
www.catarata.org

ISBN (CSIC): 978-84-00-11277-6
ISBN ELECTRÓNICO (CSIC): 978-84-00-11278-3
ISBN (CATARATA): 978-84-1067-032-7
ISBN ELECTRÓNICO (CATARATA): 978-84-1067-033-4
NIPO: 155-24-092-2
NIPO ELECTRÓNICO: 155-24-093-8
DEPÓSITO LEGAL: M-11.986-2024
THEMA: PDZ/RBGF/WNW

A Rafael Araujo: al final te has ido sin leerlo, amigo.

Tanto vivir entre piedras
yo creí que conversaban.
Voces no he sentido nunca
pero el alma no me engaña.

Algún algo han de tener
aunque parezcan calladas,
no en balde ha llenao Dios
de secretos la montaña.

Algo se dicen las piedras
—a mí no me engaña el alma—
temblor, sombra o qué sé yo,
igual que si conservaran.

Malaya, ¡pudiera un día,
vivir así, sin palabras!
El primer verso, ATAHUALPA YUPANQUI

Índice

Preámbulo

Empezar este libro diciendo que nuestro planeta nació hace unos 4500 millones de años (Ma) no es desviarnos del tema, en absoluto. El momento y la manera en los que la Tierra comenzó su andadura por nuestra galaxia son aspectos básicos para comprender su posterior desarrollo como planeta, así como la vida que albergó y las diferentes crisis que esta tuvo. Como veremos hacia el final de este capítulo, todo esto es clave para entender el desarrollo de este libro.

La Tierra es un planeta complejo que apareció en el universo cuando este estaba en plena expansión y ya contaba con una historia de algo más de 8000 Ma. Ha tenido una evolución convulsa, pero fascinante, marcada por diferentes fases que aparecían por sorpresa (figura 1). Desde sus primeras etapas, nuestro planeta ha evolucionado mediante la interacción de diferentes procesos físicos y químicos. Estos han actuado de manera encadenada, dependiendo unos de otros para alcanzar etapas de desarrollo cada vez más complejas, es lo que entendemos como el sistema Tierra.

El calor es el motor que ha estado detrás de este desarrollo desde el principio, es también la palabra clave para entender la evolución de la Tierra y será el hilo conductor de este libro. El calor es una forma de energía que procede del propio planeta, desde su núcleo, pero también del exterior, básicamente del

Sol. Esta energía, sin embargo, nunca ha llegado de forma constante y la Tierra, en cada caso, ha dado su respuesta. El Sol era una estrella joven cuando la Tierra se encontraba en sus primeras etapas de evolución; tenía poco helio y emitía una luminosidad un 30% inferior a la que emite en la actualidad. Como resultado, la energía que emitía en forma de calor era inferior a la que llegaba desde el interior del propio planeta. Esa tendencia fue cambiando poco a poco con el lento pero progresivo enfriamiento del planeta, hasta la actualidad, en que la temperatura que llega desde el Sol es unas 4000 veces superior a la que procede del interior de la Tierra.

FIGURA 1

El tiempo desde el comienzo de la Tierra como planeta con algunos de los procesos o eventos que han sido claves en su evolución y que se describen en el libro.

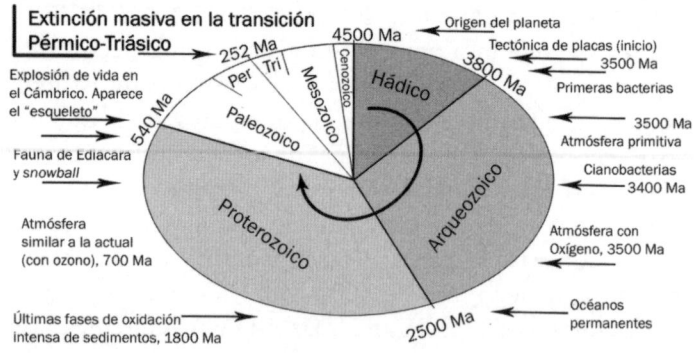

FUENTE: ELABORACIÓN PROPIA.

El calor del planeta se generó en sus primeros estadios evolutivos, cuando la Tierra todavía constituía una masa amorfa. En esa etapa, su superficie estaba desprotegida y los meteoritos y cometas hicieron diana en ella de forma permanente. El impacto de los cometas fue decisivo para traer elementos que serían fundamentales en la evolución de nuestro planeta, como hierro, magnesio y sodio, así como silicatos, amoniaco y metano, pero también trajeron agua en forma de hielo, fundamental para el desarrollo de los océanos que se instalarían más tarde. Estos impactos, unidos a la desintegración radiactiva de elementos almacenados en el planeta desde su origen, generaron el calor necesario para dar paso a nuevas etapas de su evolución. Para hacernos una idea, el calor que en la actualidad se emite desde el núcleo hacia la superficie del planeta es de unos 40 teravatios (TW), aproximadamente la energía que proporcionan unas 10 000 centrales nucleares juntas.

El planeta empezó a perder calor desde aquella etapa inicial de forma lenta pero constante. Una de las primeras consecuencias derivadas de ese enfriamiento parcial fue precisamente la diferenciación en la Tierra de un núcleo, un manto que lo envuelve y una delgada corteza que, a modo de piel, constituye la superficie del planeta. Esta diferenciación obedece básicamente a una disposición vertical de los materiales que constituyen la Tierra en función de la composición, temperatura y densidad. Así, elementos como el hierro y el níquel se concentraron en el núcleo y otros más ligeros como silicio, aluminio, calcio, magnesio, sodio, potasio y oxígeno pasaron a constituir la corteza rocosa.

Con esta diferenciación y transmisión de calor hacia la superficie, en el manto se formaron células de convección, algo parecido a lo que observamos en un cazo con agua hirviendo. Como veremos con detalle, el movimiento de estas células provoca el desplazamiento lateral de diferentes bloques, o placas litosféricas, que ensamblan la superficie del planeta, y están constituidas por la corteza y la parte más alta del manto. En su desplazamiento, estas placas chocan entre sí y pueden plegarse constituyendo cordilleras, o deslizarse una debajo de otra; es decir, se crea una dinámica particular, conocida como tectónica de placas. Estudios recientes sitúan en unos 3900 Ma el comienzo de esta dinámica. El deslizamiento de una placa bajo la otra, o subducción, es una forma de fagocitación que la Tierra ejerce sobre sí misma. Cuando introduce material de la corteza en su interior, también incorpora alto contenido en uranio, torio y potasio, elementos radiogénicos (generados por transformación, o decaimiento radiogénico, de otro elemento) que ayudan a mantener el calor interior mediante su desintegración.

Otra consecuencia de la pérdida paulatina de calor en la Tierra fue la liberación, también a través de volcanes y grandes fisuras, de gases que estaban disueltos y atrapados en el magma caliente. Este proceso, conocido como desgasificación, liberó compuestos volátiles como hidrógeno, sulfuro de hidrógeno y óxido de carbono, pero también agua. La acumulación y condensación de este último compuesto dio paso a una atmósfera primitiva que también contenía cloro, nitrógeno, monóxido y dióxido de carbono. Esta atmósfera primaria se formó en un periodo relativamente corto, entre 3800 y 3500 Ma, es decir, entre 700 y 800 Ma después del origen del planeta. Si la comparamos con la atmósfera que tenemos hoy, aquella era pobre en oxígeno y ácida. Pero hubo algo más: debido al paulatino enfriamiento de la Tierra, el agua en forma de hielo que nos habían traído los cometas dejó de estar en permanente evaporación y pasó a condensarse y precipitar en forma de líquido en la superficie del planeta. Estas nuevas condiciones dieron lugar a extensas acumulaciones de agua y a los primeros océanos, que se terminarían afianzando en el planeta hace unos 2500 Ma.

Habían pasado unos 1000 millones de años desde el origen de la Tierra y esta ya disponía de una atmósfera primitiva y unos océanos, pero todavía ácidos y calientes. Aunque eran condiciones nada atractivas para pensar en la vida, sin embargo, unos microorganismos muy sencillos, bacterias procariotas u organismos unicelulares sin núcleo diferenciado, aparecieron hace unos 3800 Ma, cuando comienza el eón arcaico y termina el hádico. Se trata de los primeros organismos conocidos en nuestro planeta. Las condiciones en las que vivieron fueron tan difíciles que estuvieron sin compañía durante casi 500 Ma, hasta que otros atrevidos microorganismos aparecieron, las cianobacterias. Estas bacterias eran capaces de realizar fotosíntesis, proceso que marcaría una nueva fase evolutiva en nuestro planeta. Ya tenemos la vida.

Mediante la fotosíntesis, las cianobacterias liberaron oxígeno a la atmósfera a través de una combinación entre el dióxido de carbono y el agua, reacción que, a su vez, producía carbohidratos y azúcares, que servían de alimento a esas y otras bacterias. El oxígeno, aunque apareció como un desecho, terminaría dando más juego de lo esperado. La demanda sobre este elemento no se hizo esperar. Cuando el oxígeno empezó a ser abundante, las mismas cianobacterias que lo habían eliminado aprendieron a aprovecharlo para su propia respiración. Por otro lado, había una gran abundancia de hierro en la Tierra retenido en los sedimentos. Este elemento buscó con avidez al oxígeno para oxidarse, pero era tal la cantidad de sedimentos con hierro por oxidar que el proceso duró más de 1500 Ma, desde la aparición de ese elemento hasta hace unos 1800 Ma. En definitiva, al ser requerido por todos, el oxígeno no llegó a alcanzar el volumen necesario para ser retenido en aquella débil atmósfera hasta pasado mucho tiempo. Todos querían sacar provecho de él.

La generosidad del oxígeno con nuestro planeta no había terminado. Todavía le faltaría poder rematar algunas reacciones químicas que darían pie al desarrollo de un planeta mucho más cercano al que hoy conocemos. Llegó un momento en el que las oxidaciones en los sedimentos acumulados empezaron a quedar saturadas y la demanda sobre el oxígeno fue decayendo paulatinamente. Esto sucedió hace unos 700 u 800 Ma, al final del eón proterozoico, cuando las rocas en los continentes mostrarían un tono rojizo generalizado debido a los procesos prolongados de oxidación, aspecto que recordaría más a la imagen que hoy vemos de Marte. Llegada esta situación, el oxígeno pudo acumularse poco a poco hasta alcanzar el 20% del total de la atmósfera, un valor muy próximo al que tenemos hoy. Y fue en esas condiciones cuando este elemento reaccionó para volver a cambiar el rumbo del planeta. La reacción en la atmósfera de una molécula biatómica de oxígeno (O_2) con un átomo libre de este mismo elemento, más la radiación solar, produce ozono (O_3). Este gas, que se concentra en una capa fina de la atmósfera, retiene las emisiones de la radiación ultravioleta de onda corta procedente del Sol, que es letal para los organismos, al tiempo que permite la entrada de aquella de onda más larga, que es necesaria para la vida.

Entre unas reacciones químicas y otras, y mucho tiempo por medio, hace unos 640 Ma la Tierra alcanzó unas condiciones en las que albergó continentes, océanos, atmósfera con oxígeno y un escudo que protegía de los rayos ultravioleta. En este contexto aparece una fauna muy particular y enigmática, conocida como fauna de Ediacara, por ser descrita en la región con este nombre del sur de Australia. Esta fauna, hallada a mediados del siglo XX por el geólogo Reginald Sprigg, y suponemos que con gran sorpresa por su parte, ya que nadie se esperaría este hallazgo en rocas tan antiguas, estaba constituida por organismos de cuerpo blando en los que se han identificado hasta 30 géneros, pero de los que todavía sabemos muy poco. Tampoco conocemos los motivos por los que esta fauna desapareció en torno a los 570 o 540 Ma, unos 100 o 150 Ma después de su aparición. Sabemos, eso sí, que esta fauna coexistió con la etapa más fría que ha vivido el planeta, conocida como Tierra blanca o *snowball*, etapa todavía misteriosa en la que los continentes y gran parte de los océanos estaban cubiertos por hielo. Lo importante, en el caso de esta obra, es que se vislumbraron unas primeras condiciones para habitar el planeta y que la vida estaba buscando un sitio para quedarse.

Poco después de desaparecer la fauna de Ediacara se produce una nueva explosión de vida, mucho más compleja que la anterior, denominada radiación del Cámbrico, justo cuando comienza el eón fanerozoico, que incluye a las eras Paleozoico, Mesozoico y Cenozoico (figura 1). Esta explosión de vida encierra un secreto que marcará un cambio radical en ella, un antes y un después: se trata de la evolución en la mineralización de algunas partes del animal hasta convertirlas en partes duras, lo que terminaría siendo el esqueleto de los animales tal y como lo conocemos hoy. Es fácil pensar que este paso diese inmensas posibilidades evolutivas en el desarrollo de la vida, pues la dureza de las partes mineralizadas podía variar en cada caso facilitando diferentes alternativas estructurales en el desarrollo de los distintos grupos animales.

Esta nueva explosión de vida, que dura unos 40 Ma, nos lleva a una idea fundamental: la vida se ha encarrilado definitivamente. Ha tenido que pasar hasta el 87% de la historia de la Tierra para poder decir que había comenzado el desarrollo y evolución de los organismos pluricelulares que nos llevó hasta los diferentes reinos de seres vivos que hoy conocemos. Ya era un proceso imparable, con sus altibajos y algunas crisis, pero un proceso en marcha. Sin embargo, era necesario llegar a este punto para contar que hace 252 Ma, en la transición de los periodos Pérmico y Triásico, la vida en este planeta sufrió una crisis de tal envergadura que casi hay que volver a poner el contador a cero. Todo fue muy rápido, pero hoy tenemos muchos datos para explicar lo que pasó. Nuestro planeta cambió y con el cambio llegaron los dinosaurios, las aves y los mamíferos. Sobre esta crisis y su posterior recuperación es de lo que versan los siguientes capítulos.

CAPÍTULO 1

El paisaje pérmico: el periodo previo a la crisis

Debemos conocer qué hubo antes para entender la crisis que sucedió durante la transición entre los periodos Pérmico y Triásico, y cuantificar su impacto en la Tierra; es decir, qué sucedía durante el periodo Pérmico. La transición entre estos periodos también representa el cambio de la era Paleozoico a la era Mesozoico (figuras 1 y 2), dos etapas de un calendario geológico que nos permite situar los acontecimientos a escala de decenas de miles o millones de años.

El término pérmico lo propuso Roderick Murchison a mediados del siglo XIX, geólogo escocés que viajó hasta la región de Perm, al norte de Rusia, apoyado por el zar Nicolás I, en un tiempo en el que este noble mostró gran interés por conocer las áreas más remotas de su país. Para empezar a situarnos, hay que advertir que el Pérmico, que ocupa el final del Paleozoico, es un periodo que abarca casi 50 Ma (figura 2). Es mucho tiempo el que representa; sin embargo, como veremos, la Tierra mostraba entonces una paleogeografía especial, pues estaba configurada en un único continente, una configuración que condicionó la dinámica general del planeta afectando a su atmósfera, continentes, océanos y a la vida en todas sus formas. Todo esto se estaba perfilando durante el Pérmico, es decir, al final del Paleozoico, y ahora veremos cómo era ese paisaje.

FIGURA 2

La escala cronoestratigráfica con los últimos 540 Ma de nuestro planeta, es decir, el Fanerozoico. Las edades de esta escala se actualizan anualmente desde la Comisión Estratigráfica Internacional según las nuevas dataciones que se van obteniendo. Las flechas indican los momentos de extinciones menores y las cinco mayores, destacando la del límite Pérmico-Triásico (P-T) entre estas últimas. Los asteriscos indican las dos extinciones que abordamos en este libro: (*) la principal, límite Pérmico-Triásico y (**) la del Capitaniense. Se señala la evolución del nivel del mar en el Fanerozoico abarcando desde 100 metros por debajo del nivel actual (- 100 m) hasta 100 metros por encima (+ 100 m) del mismo nivel, teniendo como referencia el nivel 0 de la actualidad. A la derecha, se indica la evolución de las temperaturas en grados centígrados también durante el Fanerozoico. Los números indican los momentos principales que se abordan en el libro: 1) límite Carbonífero-Pérmico, 2) extinción del Capitaniense, 3) fase fría y 4) fase cálida de la extinción de la transición entre los periodos Pérmico y Triásico. Las siglas IH y GH se refieren a las etapas *icehouse* y *greenhouse*, respectivamente.

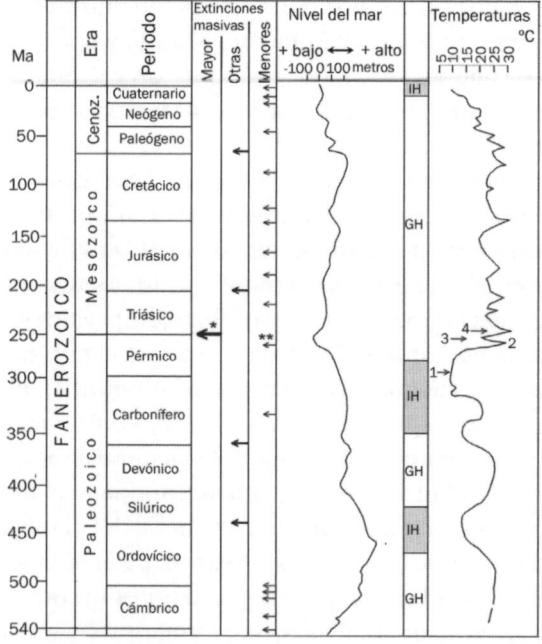

FUENTE: ELABORACIÓN PROPIA.

¿Qué estaba sucediendo en el Pérmico?

El planeta es una esfera con un radio de unos 6370 km, por lo que tiene una superficie limitada. Esta superficie está constituida por dos tipos de corteza: oceánica y continental. La oceánica se genera en las dorsales oceánicas, que son estructuras volcánicas alargadas que aparecen en todos los océanos y por las que sube la lava que terminará formando la corteza oceánica al enfriarse. Pero esta lava genera un problema de espacio, ya que se incorpora permanentemente a la superficie y, como hemos señalado, esta es limitada. El ajuste del material excedente se realiza mediante una dinámica circular, de reciclado, conocida como tectónica de placas, que afecta al interior y exterior del planeta. Esta dinámica permite el desplazamiento lateral de las cortezas, podríamos decir que las empuja sobre la parte superficial del planeta para hacerse hueco. Al haber un exceso de material, la corteza continental y la oceánica, que no para de extenderse, chocan entre sí durante el desplazamiento y, esta última, al tener mayor densidad, unos 3 gr/cm³, desaparece bajo la continental, en un proceso de subducción que permite que el espacio se reajuste en la superficie terrestre. En definitiva, la corteza oceánica que no cabe en la superficie es arrastrada nuevamente hacia el fondo por debajo de la continental. Sin embargo, al encontrarse dos cortezas continentales con una densidad parecida, ninguna cede para introducirse bajo la otra y ambas chocan, deformándose, plegándose y amontonándose unas capas sobre otras, pudiendo constituir lo que se conoce como orógenos, con sus cadenas montañosas asociadas. Un ejemplo actual sería la cordillera del Himalaya, resultado del choque entre las placas de la India y Asia, que llega a acumular y plegar hasta 80 km de corteza continental. El proceso generado por la tectónica de placas es básico para entender el objetivo de este libro. En los próximos capítulos se verá con más detalle junto con el modo en el que los desarrollos verticales resultantes de esta tectónica pueden producir inestabilidad en la corteza al generar mucha temperatura. Otra vez el calor.

En la configuración actual del planeta diferenciamos cinco continentes separados entre sí, que sobresalen desde los océanos. Están constituidos por corteza continental, mientras que la corteza oceánica está en su mayoría bajo los océanos. A primera vista podemos pensar que estas configuraciones están ligadas al paso de muchos millones de años, pero, aunque es cierto, también tenemos que indicar que los primeros humanos fueron testigos de algunos de estos cambios, bien porque el nivel del mar cambió, dejando mostrar o sumergiendo parte de la superficie de los continentes que ellos habitaban, bien directamente por haber vivido grandes terremotos o vulcanismos ligados a desplazamientos y choques entre placas.

Podemos entender, por tanto, que con los desplazamientos y choques producidos por la deriva de las diferentes placas litosféricas desde que empezaron a moverse, hace unos 3900 Ma, estas han tenido tiempo suficiente para mostrar todo tipo imaginable de configuraciones paleogeográficas, evidentemente distintas a la actual. La configuración que tenían los continentes a comienzos del Pérmico fue muy especial, porque en realidad solo había un único continente, llamado Pangea (figura 3B), término que procede del griego y que quiere decir 'todo tierra'. Parece que este "megacontinente" estaba predestinado a existir, porque unos 100 Ma antes de su configuración definitiva, la mayoría de los bloques continentales pequeños ya se habían ido congregando hasta constituir dos continentes grandes, Laurasia y Gondwana (figura 3A), que finalmente terminaron también por colisionar entre sí para dar lugar a la citada Pangea, hace unos 330 o 300 Ma, poco antes del inicio del periodo Pérmico. Conviene señalar que el ir y venir de las placas litosféricas ya había dado previamente con una configuración similar a la de Pangea, es decir, de un único continente, hace unos 1200 o 1300 Ma, bautizado en 1990 por el paleontólogo estadounidense Mark McMenamin como Rodinia (del término ruso *rod*, 'engendrar'), rodeado por un gran océano llamado Mirovia (del término ruso *miroi*, 'global'). Rodinia permaneció unido como único continente hasta hace unos 750 Ma, cuando empezó a desmembrarse para dar pie a la aparición de otros menores que comenzarían su andadura por la superficie de la Tierra hasta encontrarse nuevamente para constituir Pangea.

FIGURA 3

A. Los dos grandes y 'únicos' continentes que existían durante el Devónico, hace unos 400 Ma: Laurasia y Gondwana. En este periodo comenzó la vida en los continentes, una vida que se incorporó desde el océano, donde se había instalado con los primeros grupos estables unos 220 Ma antes. B. Pangea como único continente a finales del Pérmico, hace unos 252 Ma. Las letras S y E se refieren a las zonas donde se produjeron los vulcanismos de los *Siberian traps* (límite P-T) y de Emeishan (final del Capitaniense), respectivamente, como se verá en el capítulo 4. La figura 2 puede servir de apoyo para la mejor comprensión de esta.

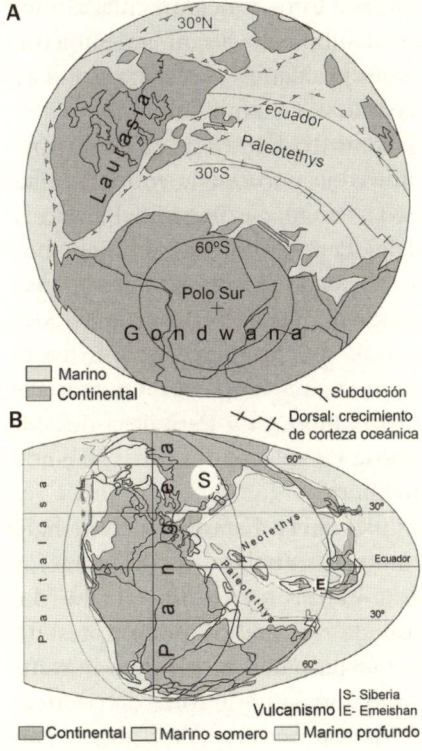

FUENTE: ELABORACIÓN PROPIA.

19

Inicialmente, Pangea tenía situada la mayor parte de su superficie en el hemisferio sur, que es donde se habían ido agrupando los continentes que iban colisionando, pero pronto empezó a desplazarse hacia el norte hasta llegar a alcanzar un reparto similar en ambos hemisferios hacia finales del Pérmico (figura 3B). Igual que sucedió con la formación de la cordillera del Himalaya durante el choque entre los continentes de India y Asia, la colisión entre los continentes Laurasia y Gondwana generó también cadenas de montañas. De estas, destacaron dos: una principal, en torno a la sutura entre ambos continentes, con dirección NE-SO, atravesando parcialmente la línea del ecuador, y otra de menor extensión, que sería parte de los actuales montes Urales, en Siberia. Por otro lado, la corteza oceánica que estaba situada entre estos continentes terminó subducida por debajo de ellos cuando estos chocaron entre sí y, en el caso de Siberia, ese material subducido terminará subiendo nuevamente y generando graves problemas al planeta por el intenso vulcanismo generado, como se verá más adelante.

Disponer de un único continente implica que a su alrededor habría también un único océano que lo rodeaba. Este inmenso océano que rodeaba Pangea se llamaba Pantalasa, término que también procede del griego, y que significa 'todo mar'. Una rama de este vasto océano penetraba lateralmente por el este de Pangea formando el mar de Tethys (figura 3B), una extensión de agua que daría mucho juego durante los siguientes 100 Ma, cuando otros mares empezaron a aparecer separando Pangea en múltiples bloques y Pantalasa dejó de ser lo que era, constituyéndose en nuevos mares y océanos, como nos han llegado hasta ahora.

Pero no nos adelantemos todavía. Estamos a comienzos del Pérmico y tenemos un único continente; su configuración final llegó por el choque entre Laurasia y Gondwana, los dos grandes continentes que quedaban sueltos poco antes del Pérmico. Este choque no fue instantáneo, se produjo durante varios millones de años y trajo consigo múltiples consecuencias, algunas de las cuales le dieron unas características especiales al paisaje Pérmico que ahora dibujamos.

Un comienzo muy frío

Un aspecto interesante es que el comienzo del Pérmico está marcado por una de las etapas más frías que ha sufrido el planeta, pero todavía es más interesante indicar que el final de este periodo muestra, a su vez, una de las etapas más calientes que ha experimentado la Tierra. Este cambio de frío a calor se produjo de forma rápida, dentro del propio Pérmico, y representó una subida de la temperatura media de casi 20 °C en pocos millones de años, posiblemente el cambio más brusco que ha experimentado nuestro planeta en los últimos 500 Ma, durante el Fanerozoico (figura 2, números 1 y 2). Las bajas temperaturas que hubo a comienzos del Pérmico venían ya arrastradas desde hacía unos 70 Ma, desde finales del Devónico, aunque por el camino, en el Carbonífero inferior, experimentaron una recuperación corta, hacia una temperatura más cálida. Es por tanto una etapa fría, o de *icehouse*, muy larga y de la que todavía sabemos poco, aunque estudios recientes nos dibujan un paisaje en el que los hielos permanentes se desarrollaban en los trópicos a partir de solo 500 m de altitud y que había glaciares no muy lejos del ecuador.

Hay dos ideas que destacan para explicar el origen de estas bajas temperaturas de comienzos del Pérmico. Por un lado, la reducción en torno al 3% en la llegada de la radiación solar al planeta debido a cambios orbitales de la Tierra, o forzamiento orbital, provocando directamente una bajada de la temperatura global al verse alterado el ángulo de incidencia de los rayos procedentes del Sol; por otro lado, la proliferación de vegetación en el planeta. Este segundo aspecto es muy interesante, pues aunque las plantas comenzaron su desarrollo en torno al límite Silúrico-Devónico, hace unos 416 Ma, no es hasta finales del Devónico, en torno a los 365 Ma, cuando los árboles proliferan en la superficie del planeta y se desarrollan tal y como los conocemos hoy, es decir, con raíz, tronco y ramas. Por primera vez tenemos un potente sumidero de dióxido de carbono (CO_2) de la atmósfera debido a la fotosíntesis vegetal.

La captura de este gas de efecto invernadero que retenía el calor en la Tierra pudo provocar el descenso medio de las temperaturas y potenciar el desarrollo de glaciares. Quizá no fue casual que el comienzo de esta prolongada etapa fría a finales del Devónico coincidiera con la explosión de la vegetación y el desarrollo de los bosques, pero también coincidió con una importante crisis en algunos grupos de animales debido precisamente a esas bajas temperaturas, aunque esto ya se sale de los objetivos de este libro.

Si todavía nos falta mucho por conocer sobre el origen y desarrollo de este periodo frío que se extendió hasta la primera etapa del Pérmico, es incluso más complicado explicar las causas que empujaron a su brusca desaparición para dar paso a otro más cálido. El hecho es que, después de casi 60 Ma de etapa fría en la Tierra, durante el comienzo del Pérmico empiezan a alternar etapas frías y cálidas en ciclos cortos, inferiores a 1 Ma. Nuevamente se relacionan estos cambios con los ciclos orbitales que condicionan la llegada de mayor o menor energía del Sol. Las variaciones entre estas etapas alternantes eran muy acusadas, pues la acumulación de gases de efecto invernadero en la atmósfera, como es el caso del CO_2, podía ser hasta cuatro veces superior en las etapas cálidas que en las etapas frías, pasando de 200 a 800 partes por millón (ppm)[1].

Parece que el tipo de vegetación existente era también clave para marcar estas diferencias de concentración, pues el bosque de tipo húmedo es el que más se desarrolla en las etapas de menor radiación solar y también el que retira más volumen de CO_2, haciendo que las temperaturas medias sean incluso más bajas al reducir el efecto invernadero que produce este gas. La situación contraria se produciría durante ciclos orbitales en los que llega más radiación solar, ya que en esos casos los bosques que se desarrollan son de tipo estacional, que retiran menos CO_2 y, por tanto, provocan un incremento de las temperaturas debido al aumento del efecto invernadero. Estas oscilaciones en el clima duraron unos 8 Ma, hasta

---

1. Es importante recordar que en la actualidad rondamos los 412 ppm.

que la tendencia hacia un aumento de las temperaturas se hizo definitivamente imparable, y en el Pérmico medio, o época Guadalupiense (figura 2), los glaciares fueron poco a poco desapareciendo o quedaron relegados a cotas elevadas o en altas latitudes.

El tiempo seguía avanzando en el Pérmico. El paisaje entre el Pérmico inferior y medio no cambió únicamente por el aumento progresivo de las temperaturas y el cambio en la vegetación, sino que la pérdida de hielo de los glaciares estaba dando paso a nuevas formas de fauna y vegetación, principalmente en zonas tropicales. El agua almacenada en forma de hielo sobre los continentes durante la etapa fría que se extendió desde finales del Silúrico hasta comienzos del Pérmico debió de representar un volumen extraordinario, pues el hielo llegó a cubrir la tercera parte de los continentes en las etapas de mayor expansión de aquel. Esa agua helada no estaba en Pantalasa durante este tiempo, por lo que el nivel de las aguas del océano estaba muy bajo, unos 150-200 m por debajo del nivel actual (figura 2). Pero el inicio de una tendencia hacia temperaturas más cálidas en el Pérmico medio propició que el agua almacenada en los hielos continentales fuera pasando poco a poco a Pantalasa, provocando un paulatino y generalizado ascenso del nivel del océano que, con algunos altibajos, continuaría durante unos 180 Ma más, hasta el Cretácico Superior[2] (figura 2), cuando el nivel del mar llegó a alcanzar 250 m por encima del nivel que tenemos en la actualidad.

El medio marino en el Pérmico

La vida en los fondos marinos había empezado a desarrollarse con fuerza a comienzos del Cámbrico, después del primer intento fallido que representó la fauna de Ediacara, apenas 5 o 10 Ma antes (figura 1). Tras dos nuevas e importantes

2. A lo largo del libro, la escritura en mayúsculas de los diferentes periodos (inferior, medio y superior) se realizará en función de su aprobación por la Comisión Estratigráfica Internacional.

crisis a finales del Ordovícico y Devónico, la vida que había llegado a los mares del Pérmico mostraba un dominio de braquiópodos, equinodermos y moluscos. Entre los microfósiles hallados destacan los foraminíferos, organismos de concha perforada que normalmente tienen un tamaño inferior a 0,5 cm y viven en los fondos marinos, donde dominaba el género *Fusulina*, que adquirió una gran adaptación permitiendo la proliferación de abundantes especies. Estos organismos son de gran interés para los paleontólogos porque fosilizaban con relativa facilidad y permiten conocer la edad de las rocas en las que quedaron atrapados.

Los arrecifes tuvieron un gran desarrollo mediante la estrecha relación establecida entre algas, esponjas y briozoos, construyendo grandes edificios que todavía hoy podemos apreciar fosilizados en extensas áreas de Nuevo México y Arizona, en Estados Unidos. Entre los moluscos cefalópodos destacaron los nautilus y los amonites por alcanzar una gran diversificación, lo contrario a lo que sucedió con el fitoplancton, organismos acuáticos de comunidades planctónicas capaces de generar su propia energía mediante la fotosíntesis y que llegaron al Pérmico acusando la crisis que habían sufrido al final del Devónico.

Los peces, que comenzaron su andadura en el Cámbrico y fueron los primeros vertebrados del planeta, experimentaron una importante renovación durante el Pérmico con el dominio de los grupos de tipo óseo y los tiburones, estos últimos convertidos en grandes predadores, incluso en agua dulce. También abundaron moluscos bivalvos y destacó el *Mesosaurus*, un reptil de tamaño medio, parecido a un lagarto, pero con cola en forma de aleta que le facilitó la movilidad en las aguas del Pérmico inferior.

El medio continental en el Pérmico

La interrupción durante el Pérmico medio de la etapa fría, o *icehouse*, para dar comienzo a otra más cálida, o *greenhouse*, se vio acompañada por el desarrollo de grandes planicies semi-desérticas en latitudes bajas, que alternarían con cadenas montañosas que habían resultado del choque entre continentes y que todavía no habían tenido tiempo de desaparecer por erosión. A este momento del Pérmico llegaron diferentes grupos de fauna que habían comenzado su evolución de forma muy elemental durante la explosión de vida a comienzos del Cámbrico, hace unos 540 Ma, y que unos 220 Ma más tarde, ya en el Carbonífero, empezaron a salir del mar para colonizar la tierra en la que posteriormente se desarrollarían sin dificultades durante el Pérmico. Esta colonización, como veremos, se produjo gracias, entre otras cosas, a la aparición del huevo amniótico. Además, conviene recordar que los grupos del Cámbrico habían ganado fuerza mediante la aparición de un proceso revolucionario en la evolución, que fue la mineralización de partes blandas para conseguir un esqueleto (figura 1). Tener la capacidad de formar un esqueleto abría un inmenso potencial para la evolución que la mayoría de los grupos aprovecharon para mejorar su diversificación, alcanzándose nuevas formas de adaptación que en su mayoría llegaron hasta el Pérmico y, en algunos casos, han persistido hasta nuestros días.

El huevo amniótico: más posibilidades para la vida

Poco antes de comenzar el Pérmico, los reptiles experimentaron una importante innovación que los llenó de inmensas posibilidades y que representó un nuevo salto para la evolución de la vida en el planeta. Se trata de la aparición del huevo amniótico, un huevo recubierto de un material rígido de composición calcárea. Una membrana en su interior, el amnios, facilita un ambiente acuoso al embrión, evitando que se deshidrate, al tiempo que lo conecta con el saco vitelino, que le proporciona nutrientes. Además, en el caso de los anfibios, el embrión produce urea como material de desecho, mientras que los reptiles generan ácido úrico en el huevo amniótico. La urea puede mezclarse con el agua, pero el ácido úrico es prácticamente insoluble, por lo que estos huevos ahorran agua que destinan a la hidratación del embrión en situaciones secas. Esta característica los liberó de su dependencia del agua para reproducirse y permitió a los reptiles, a su vez, adentrarse en tierra firme y poner los huevos lejos de zonas sumergidas o encharcadas, un paso definitivo para conquistar los continentes, pero que los separaba, aún más, de sus antecesores los anfibios.

Anfibios y reptiles

A principios del Pérmico, la fauna en el medio continental estaba dominada por anfibios y reptiles carnívoros con un importante peso en la cadena trófica, como veremos más adelante. De estos últimos salió un primer grupo que ya mostraba características de mamífero, los terápsidos, y que dieron pie a los mamíferos que definitivamente se desarrollaron a finales del Triásico, unos 70 Ma más tarde. Los terápsidos, que dominaron el Pérmico medio y superior, eran animales vertebrados y tetrápodos, entre los que había carnívoros y herbívoros, y podían alcanzar más de dos metros de longitud. Pertenecían a los sinápsidos, cuya característica destacable era poseer dos orificios en el cráneo, uno detrás de cada ojo, y además eran amniotas, es decir, comenzaban su vida con las ventajas embrionarias que hemos indicado en el apartado anterior. Los pelicosaurios, característicos por su cresta en forma de abanico en la parte dorsal, eran los terápsidos que dominaban el Pérmico inferior, pero desaparecieron para dar paso a los dinocéfalos, también terápsidos del grupo sinápsidos, que alcanzaron su dominio en el Pérmico medio. En el Pérmico superior se expandieron con éxito otros terápsidos, como dicinodontos, gorgonópsidos y cinodontos, de los que hablaremos con más detalle en los capítulos 2, 7 y 8 por su importancia en la transición entre el Pérmico y el Triásico.

Las plantas y los bosques

Las plantas que llegaron al Pérmico habían comenzado su andadura de forma muy primitiva en el Silúrico superior u

Ordovícico Inferior, cuando las algas verdes salieron del mar para colonizar la tierra, pasando a ser plantas no vasculares, como los musgos, es decir, sin raíces, tallos ni hojas verdaderas, desarrollando un cuerpo vegetativo con células que no llegan a constituir tejido, obteniendo el agua y los nutrientes directamente del aire.

Durante el Pérmico inferior y medio hubo un gran desarrollo de bosques en zonas de latitudes altas, a juzgar por las importantes acumulaciones de carbón que hoy encontramos en áreas de Suráfrica y Australia. En estas zonas hubo una gran proliferación de cordaites, un tipo de plantas gimnospermas, es decir, vasculares con crecimiento a partir de semillas. Las plantas vasculares disponían de vasos internos que les permitía transportar agua y nutrientes en su interior. En zonas más cálidas hubo mayor desarrollo de pteridofitas, destacando los helechos y afines, plantas vasculares perennes que no generan semillas y que habían comenzado su desarrollo en el Devónico Medio. También hubo un importante desarrollo de pteridospermas, conocidas como "helechos con semilla", donde cabe destacar la presencia del género *Glossopteris* o planta lengua, que apareció a mediados del Carbonífero, desapareció en el Triásico y vivió básicamente en el hemisferio sur, en lo que previamente fue Gondwana. Esta planta aguantó bien las etapas frías del Carbonífero y del comienzo del Pérmico, y fue dejando paso a los bosques de coníferas, cuando las temperaturas se fueron haciendo más templadas. Este dato es de gran interés para los paleontólogos, ya que la presencia de *Glossopteris* en el registro fósil les permite tener una aproximación a las paleotemperaturas que hubo durante el crecimiento de esos bosques.

Notas finales: un paisaje del Pérmico

A pesar de la inercia que había tomado la vida en el Pérmico, ahora sabemos que durante este periodo en el interior de la Tierra estaba sucediendo algo que iba a representar el inicio de un cambio global. El calor, otra vez el calor, se estaba acumulando poco a poco en el interior de la Tierra, de forma paulatina pero silenciosa, todavía sin grandes manifestaciones externas. Así sucedió hasta finales del Pérmico medio, durante un piso conocido como Capitaniense, cuando se produjo la primera manifestación de esa energía acumulada en el interior, y que veremos en el siguiente capítulo. Esta primera manifestación fue seguida de otra mucho mayor, pocos millones de años después, en la transición entre los periodos Pérmico y Triásico.

Estos dos pulsos fueron como dos latidos que lo cambiaron todo. Parecía calculado, porque la proximidad temporal entre estas dos manifestaciones redobló los efectos negativos que cayeron sobre el planeta y la vida que se estaba abriendo paso en él.

CAPÍTULO 2

¿Dónde y cómo empezó la destrucción y quién estuvo detrás de ella?

Para situarnos en el tiempo

Como hemos visto, la crisis de la transición entre los periodos Pérmico y Triásico estuvo precedida, unos 6 Ma antes, por otra crisis de rango menor. Ambas manifestaciones se han abordado de forma individual en los trabajos científicos hasta hace unas décadas, pero hay una clara relación entre ellas, como ya empiezan a señalar muchos investigadores. La primera, conocida como la crisis del Capitaniense, que sucedió hace unos 260 Ma, es claramente el preámbulo de la siguiente, la más importante, entre el Pérmico y el Triásico, hace unos 252 Ma, que además marca la transición entre las eras Paleozoico y Mesozoico, y es la que representa el objetivo de este libro (figura 2).

La parte media del Pérmico es conocida y definida oficialmente como Guadalupiense (figura 4), por ser en la zona desértica de las montañas Guadalupe, en Texas, donde se estudió y definió este intervalo de tiempo. A su vez, el Guadalupiense se divide en tres pisos que, de más antiguo a más moderno, son: Roadiense, Wordiense y Capitaniense. Al final del último de ellos, que tiene una duración de unos 5 Ma (aproximadamente entre 259 Ma y 264 Ma), fue donde se desarrolló la primera de las dos crisis.

Veremos en este capítulo que no es posible entender la crisis entre los periodos Pérmico y Triásico en toda su dimensión sin conocer la del Capitaniense, que fue cuando, de algún modo, empezó a fraguarse todo, donde el planeta empezó a manifestar en su cubierta exterior toda la energía que se estaba acumulando en su interior.

FIGURA 4

Esquema del final del Pérmico en el que destaca el límite entre el Pérmico medio y el superior, que es donde se produce la extinción del Capitaniense. Esta extinción termina condicionando a la del límite Pérmico-Triásico debido a la proximidad que hay entre ambas. Se destacan algunos de los procesos que se desarrollan en el núcleo exterior, manto, corteza y superficie de la Tierra durante esa etapa del Pérmico. La figura 5 puede ayudar a la mejor comprensión de estos procesos.

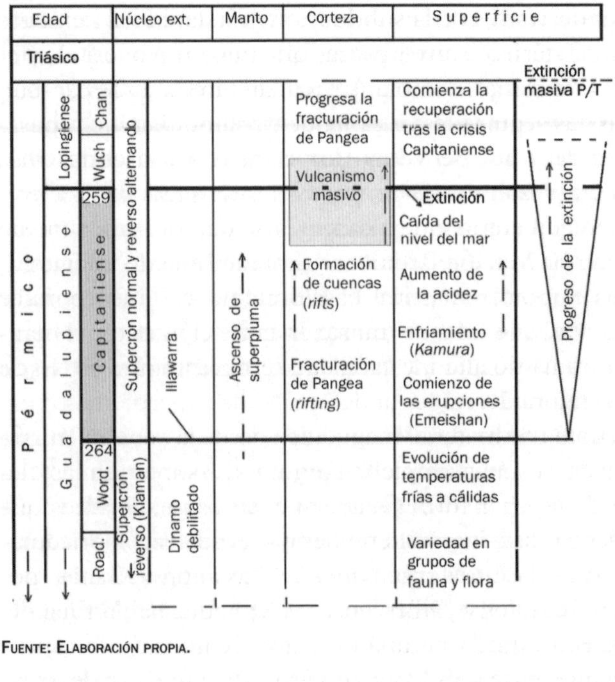

Edad	Núcleo ext.	Manto	Corteza	Superficie	
Triásico					Extinción masiva P/T
Pérmico — Lopingiense (Wuch, Chan) — 259	Supercrón normal y reverso alternando	Ascenso de superpluma	Progresa la fracturación de Pangea	Comienza la recuperación tras la crisis Capitaniense	Progreso de la extinción
		Illawarra	Vulcanismo masivo	Extinción / Caída del nivel del mar	
Pérmico — Guadalupiense — Capitaniense			Formación de cuencas (rifts)	Aumento de la acidez	
				Enfriamiento (Kamura)	
			Fracturación de Pangea (rifting)	Comienzo de las erupciones (Emeishan)	
Word. 264	Supercrón reverso (Kiaman)	Dinamo debilitado		Evolución de temperaturas frías a cálidas	
Road.				Variedad en grupos de fauna y flora	

FUENTE: ELABORACIÓN PROPIA.

La fragua y origen de todo

Como hemos visto en el capítulo 1, Pangea se generó por el encuentro y choque entre sí de las principales placas litosféricas que se desplazaban a la deriva por la superficie del planeta a finales del Carbonífero, hace unos 300 Ma. Ahora, apoyándonos en la figura 5, veremos qué sucedió con la corteza oceánica que se deslizaba bajo la continental para conseguir ajustar el espacio en la superficie del planeta. Este proceso, conocido como subducción, permite que el material introducido llegue a alcanzar y acumularse en la base del manto superior, a unos 660 km de profundidad, e incluso llegar hasta la base del manto inferior, en el límite con el núcleo externo, a unos 2900 km. Este recorrido lo hacían siguiendo amplias zonas de flujo que nuevamente estarían controladas por la temperatura y las diferentes densidades que adquieren los materiales derivados de la subducción Así, debido al aumento del gradiente térmico, estas masas que penetran hacia el interior de la Tierra irían cambiando paulatinamente sus características físicas según fuesen ganando profundidad y temperatura, al tiempo que se verían impulsadas hacia zonas más profundas por las propias convecciones térmicas del manto.

Parte del material que alcanza esta zona profunda puede generar también calor debido al enriquecimiento radiactivo que posee el propio material basáltico que trae incorporado. Como resultado, la zona de transición entre el núcleo y el manto es una franja de alta inestabilidad térmica (figura 5). Estas condiciones son favorables al desarrollo de superplumas o canales de subida de material magmático desde la base del manto inferior hacia la superficie de la Tierra. Estas superplumas, denominadas así por la forma alargada que nos imaginamos que llegan a desarrollar, fueron definidas por el geofísico norteamericano William Jason Morgan en 1971, son aprovechadas por algunos compuestos volátiles, como el CO_2, que habían llegado a esas zonas profundas atrapados entre el material subducido, y otros elementos ligeros, como el carbono, oxígeno, hidrógeno y azufre, derivados del propio núcleo. Todos ellos suben hacia la corteza y alcanzan el exterior mediante la propia dinámica de ascenso que tienen las superplumas, ayudando con su presencia a desarrollar las condiciones necesarias para la vida en la Tierra, pero también para la formación de la atmósfera y el agua. Esta circulación interna y el reciclaje de material ha funcionado como un motor durante muchos millones de años, desde las primeras etapas de la formación de la Tierra.

FIGURA 5

Esquema simplificado del ciclo de destrucción y creación de las cortezas continentales y oceánicas a través del núcleo, manto y corteza que componen la Tierra. En la destrucción, la corteza oceánica penetra en profundidad bajo los continentes, por tener más densidad que estos, hasta alcanzar las zonas de transición superior e inferior del manto, donde se reciclan y enriquecen con nuevos elementos (carbono, hidrógeno, oxígeno, azufre, silicio). Una vez alcanzada esa profundidad, vuelven a subir impulsadas por las altas temperaturas, llegando formar plumas y superplumas, que pueden llegar a la superficie rompiendo la corteza continental, donde se forman cuencas sedimentarias y se desarrollan importantes focos de vulcanismo. Se muestra también lo que debió de ser el comienzo de fracturación del continente Pangea y el desarrollo de los vulcanismos que generaron los *Siberian traps*. La figura no está a escala.

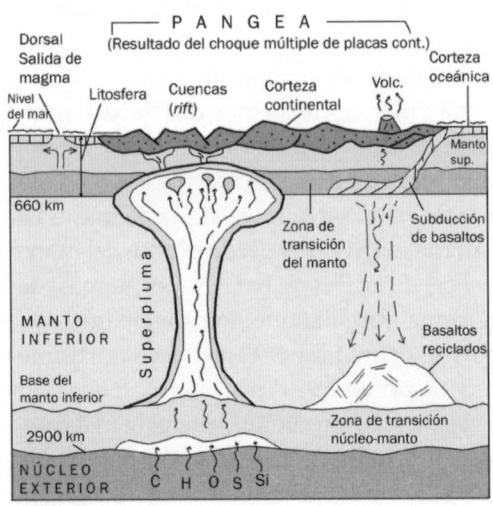

FUENTE: ELABORACIÓN PROPIA.

Es fácil imaginar la inmensidad de material que habría acumulado Pangea en su interior mediante procesos de subducción, antes y durante su formación como continente único, ya que fueron decenas de millones de años de colisiones en la corteza hasta constituirse ese continente. De igual modo, también es posible imaginar que fueran abundantes las superplumas generadas en el interior de Pangea. Sin embargo, el ascenso hacia la superficie de estas superplumas no debió de ser sencillo, ya que estas chocaban con el propio continente cuando se aproximaban a la superficie, y el gran tamaño del continente hacía de tapadera y no dejaba muchos resquicios libres para el escape del material que arrastraban las corrientes ascendentes (figura 4).

Esa situación de tensión haría aumentar la inestabilidad interna, hasta un extremo en el que el calor y el material acumulado en la parte superior del manto buscaría vías de escape hacia el exterior, empujando desde las raíces de Pangea. La primera fase de subida de estas superplumas sucedió a comienzos del Capitaniense, hace unos 265 Ma (figura 4), y tanto el desplazamiento hacia la superficie como la propia salida al exterior de estos materiales provocaron una serie de procesos fisicoquímicos que derivaron en intensos cambios en la superficie del planeta, afectando a la vida que se había ido asentando poco a poco durante el Pérmico.

Sube el magma y se forman las cuencas

Los cambios debidos al ascenso de las superplumas en el Pérmico se produjeron en una franja de tiempo de unos 5 Ma, lo que dura el piso Capitaniense (figura 4). Estas masas ígneas, o rocas que han cristalizado desde un magma, alcanzaron la superficie afectando diferentes áreas, pero básicamente a la mitad oriental de Pangea (figura 3B). Son conocidas como grandes provincias ígneas, con intenso vulcanismo y composición basáltica, es decir, rocas ígneas con alto contenido en minerales como plagioclasa, piroxeno y magnetita.

Entre estas provincias magmáticas del Capitaniense destaca la de Emeishan, al sur de China, tanto por su intensidad como por su extensión (figura 3B, letra E).

Es interesante hacer notar que el magma que subió en la provincia de Emeishan no aprovechó las zonas de borde de placa para salir al exterior, que podrían ser inicialmente consideradas como las vías más fáciles, sino que lo hizo por la zona interna de la placa, es decir, rompiéndola. Este aspecto es importante de destacar, ya que uno de los efectos más interesantes del ascenso de estos magmas está relacionado con la formación de cuencas sedimentarias sobre la corteza continental, que se producen en una primera fase, antes de que el magma termine de romper y salir por esa zona.

En esta fase, la corteza continental se abomba cuando el calor interno se va aproximando a la superficie, y se vuelve más fina posteriormente cuando el calor sigue empujando, estirándose y adelgazando como si fuera un chicle. La depresión superior que resulta de este estrechamiento constituiría una cuenca sedimentaria, como muestra la figura 5. Estas cuencas estarían surcadas por abundantes fallas semiverticales, que se moverían dejando bloques levantados con espacio entre ellos. Estos espacios quedan disponibles para la acumulación de sedimentos y agua, facilitando con ello la instalación y el desarrollo de fauna y flora. Debajo de estas cuencas, y separado por una corteza ya más delgada quedaría una zona en la que continuaría acumulándose el calor. Este tipo de cuencas, que son zonas de debilidad en la corteza y fueron comunes en el Capitaniense, se llaman *rifts*. Los *rift*, o sistemas de *rifts*, también tienen sus análogos en la actualidad, como sucede en la zona de debilidad o *rifts* de Tanzania-Kenia-Etiopía, donde evolucionan grandes sistemas fluviales y lacustres, y donde se desarrolla la vida con facilidad, como ya sucedió con nuestra especie hace unos millones de años.

El proceso de debilidad y adelgazamiento puede continuar en fases más avanzadas del ascenso del magma, hasta que el estiramiento termina rompiendo la corteza y el magma sale al exterior. Este contacto del magma con el exterior puede ser discreto, con pequeñas acumulaciones, sin que llegue a romperse totalmente la corteza, o de forma masiva y violenta, ocupando superficies muy grandes, o provincias, como fue el caso de Emeishan. En el Capitaniense, este proceso de ruptura de la corteza representó el preámbulo de la fracturación de Pangea. El gran supercontinente estaba cediendo y empezaba a romperse por múltiples sitios. Era el comienzo de su fin, que llegaría unos 58 Ma más tarde, ya al final del Triásico. Cuando llegó ese momento, los fragmentos de Pangea empezarían nuevamente a dispersarse por Pantalasa para terminar dando múltiples continentes y océanos que separaban a aquellos. Pero, como veremos en el siguiente capítulo, antes de llegar a su fragmentación definitiva, Pangea experimentó su etapa más traumática, en la transición entre el Pérmico y el Triásico.

El siguiente paso: se rompe la corteza y sale el magma

El calor siguió ascendiendo durante el Guadalupiense hasta romper la corteza por varios sitios a comienzos del Capitaniense. La provincia de Emeishan fue la que más volumen de magma acumuló. Los restos basálticos que hoy podemos encontrar en las zonas boscosas de esta provincia, al sur de China, incluso al norte de Vietnam, son difíciles de estudiar por sus malas condiciones de conservación y exposición; sin embargo, los estudios llevados a cabo en las dos últimas décadas por geólogos ingleses y chinos, liderados por Paul B. Wignall, estiman que en Emeishan se acumularon 1000 km^3 de magma, unas 320 veces superior a la acumulación de magma que tuvo lugar tras la erupción del volcán monte Santa Helena en 1980, en Washington, una de las erupciones más grandes que le ha tocado vivir al ser humano.

Es fácil comprender que las grandes provincias ígneas de Emeishan representasen un cambio importante para la Tierra. Para empezar a mostrar esas consecuencias, es necesario destacar que las emisiones volcánicas van acompañadas de gran cantidad de gases de diferente composición según el caso, que tienden a combinarse con el agua que encuentran en la atmósfera dando nuevos compuestos, y a dispersarse por el planeta en función de la altura que lleguen a alcanzar en la atmósfera. Estas dos características son básicas para entender la mayor o menor repercusión de estas emisiones sobre la superficie del planeta y la atmósfera.

Los datos que ahora conocemos nos indican que la actividad del vulcanismo de Emeishan comenzó a principios del piso Capitaniense, aunque el vulcanismo de mayor intensidad, o masivo, esperó hasta la parte media o alta de ese piso y se prolongó durante casi 3 Ma, de modo que los últimos pulsos ya afectaron al comienzo del Lopingiense (figura 4). Su actividad se produjo próxima al nivel del mar y esta casualidad tuvo dos consecuencias inmediatas: por un lado, el agua del mar pudo entrar en la cámara magmática, haciendo que las explosiones fueran más violentas, y, por otro, provocó un importante aumento del CO_2 en la atmósfera como resultado de la interacción del magma con el carbonato de las calizas que se estaban depositando en el mar. Algunos cálculos realizados por el equipo anglo-chino antes señalado indican que el aporte de CO_2 a la atmósfera pudo alcanzar 22 gigatoneladas (Gt), volumen al que habría que sumar otras 13 Gt aportadas de forma directa por la propia erupción. Para poner la situación más difícil, podríamos añadir más CO_2 a la atmósfera, que llegaría, indirectamente, a través del metano (CH_4).

Este gas se produce por la descomposición de la materia orgánica enterrada en determinadas condiciones de presión y temperatura. Las concentraciones de metano son relativamente frecuentes en zonas de plataforma marina donde hay un importante desarrollo de vida y adonde llega abundante materia orgánica arrastrada desde el continente, o en zonas de tundra y taiga[3] en latitudes altas, con crecimiento importante de suelos.

---

3. La tundra es un terreno abierto y llano, con falta de vegetación arbórea, de clima muy frío y subsuelo helado. La taiga es también conocida como bosque boreal. Está constituida por coníferas que se desarrollan bajo condiciones de frío y bajas precipitaciones.

Las inyecciones de material volcánico pueden atravesar capas de sedimentos que concentran metano y liberarlo a la atmósfera, donde este gas tiende reaccionar con el oxígeno liberando grandes cantidades de CO_2. Aunque todavía no hay pruebas suficientes que lo demuestren, algunos autores incluyen este proceso en el sumatorio global de llegada de CO_2 durante las emisiones de Emeishan.

A todo ello hay que añadir importantes cantidades de dióxido de azufre (SO_2), que pudieron alcanzar hasta 10 Gt en Emeishan, y elementos halógenos como bromo, cloro y flúor, que también se incorporarían a la atmósfera con estos vulcanismos. Estos datos de erupciones del pasado son siempre estimativos y se obtienen mediante la comparación con el volumen de magma arrojado en vulcanismos actuales, donde podemos calcular de manera precisa las cantidades emitidas. Por comparación con procesos actuales, también podemos simular un escenario como el que estaba sucediendo en el Capitaniense, durante las emisiones de Emeishan, para constatar que los gases emitidos afectaron a la acidez del medio, a la temperatura global y a las variaciones posteriores del nivel del mar, como veremos a continuación.

Cambios en la acidez, temperatura y del nivel del mar

La acidez

Con la incorporación del magmatismo de Emeishan a la superficie se desarrollaron una serie de procesos fisicoquímicos encadenados que alteraron progresivamente el medioambiente durante el Capitaniense. Podemos hacer un primer acercamiento a esta perturbación a través de las consecuencias derivadas de la incorporación del SO_2 a la atmósfera. Una reacción inicial de este compuesto es la combinación con el agua de la atmósfera para formar ácido sulfúrico (H_2SO_4), que quedaría atrapado en minúsculas gotas de agua hasta su posterior precipitación por condensación en forma de lluvia. Este proceso se conoce como lluvia ácida y desgraciadamente en la actualidad es una realidad en muchas zonas industrializadas del planeta. El efecto más inmediato es el aumento de la acidez en las zonas donde precipita y su primera consecuencia es la destrucción de la superficie vegetal, con los efectos que esto supone y que iremos viendo para el caso de la emisión de Emeishan.

Desgraciadamente, también hoy conocemos los efectos del exceso de CO_2 en la atmósfera y océanos, tanto por el aumento de la acidez que produce en ambos medios como por actuar como un gas de efecto invernadero favoreciendo el aumento de las temperaturas. Por otro lado, los elementos flúor y cloro incorporados durante las erupciones aceleraron aún más el proceso de alteración que se había iniciado en la atmósfera, ya que estos elementos halógenos alteran su capa de ozono (O_3) permitiendo la entrada de rayos ultravioleta de longitud de onda más corta, de tipo C, entre 100 y 279 nanómetros (nm) que, como veremos, resulta letal para la vida.

Hay un resultado inmediato que llega de la combinación de algunos de los factores que hemos comentado, que es la hipoxia o bajada importante de los niveles de oxígeno en las aguas marinas. Detrás de esta disminución de oxígeno durante el Capitaniense se halla, precisamente, la pérdida de vegetación debida a la acidez antes citada. La pérdida de vegetación es sinónimo de caída de los valores de oxígeno, ya que la pérdida de aquella haría disminuir la función fotosintética tanto en la tierra como en el mar. Pero este proceso se retroalimenta, porque la vegetación muerta acumulada en fondos acuosos necesita mucho oxígeno para su descomposición, que se restaría del poco que ya había.

La temperatura

Otro resultado que se suma a las sorpresas del Capitaniense es la bajada súbita de la temperatura. Como vimos en el capítulo anterior y en la figura 4, en la parte media del Pérmico se produce un cambio global de temperatura dejando atrás en la

Tierra una fase fría, o *icehouse*, para pasar a otra cálida, o *greenhouse*. Ambas etapas son muy largas, encierran decenas de millones de años, y van a marcar, entre otras cosas, las formas de vida sobre la Tierra durante esos periodos prolongados. Sin embargo, el comienzo de la etapa cálida se ve interrumpido drásticamente por la aparición de un periodo frío de muy corta duración, pero con consecuencias de gran envergadura. Esta caída de la temperatura global se produce precisamente en la parte media del Capitaniense (figura 2, número 3) y todavía no tiene una explicación clara, pero trae dos consecuencias directas: la acumulación de depósitos de origen glaciar en altas latitudes y el descenso importante en el número de géneros de algunos grupos de fauna y flora. Este episodio se denomina evento frío de Kamura (figura 4), tomando el nombre de una zona de Japón constituida por calizas marinas de edad Capitaniense que se desarrollaron en un atolón de Pantalasa. En este registro de calizas se observó, por primera vez, la caída en la temperatura media en el planeta con base en datos obtenidos mediante relaciones isotópicas del carbono ($\delta^{13}C$). Estos datos apuntan a un evento frío que afectó a gran parte del Capitaniense, que posteriormente han podido observarse en otras zonas alejadas de Japón.

En resumen, hay dos ideas principales para justificar esta etapa fría que interrumpió la tendencia cálida que ya se había establecido. Quizá la más extendida está relacionada con el efecto barrera producido por el SO_2 y elementos halógenos inyectados a la atmósfera durante las emisiones volcánicas de Emeishan. Estos compuestos formarían nubes de aerosoles en la atmósfera capaces de actuar como barrera ante la radiación solar produciendo la bajada inmediata de la temperatura en la superficie de la Tierra. Cuando las inyecciones alcanzan la estratosfera, los aerosoles tienen la posibilidad de desplazarse a enormes distancias, produciendo efectos globales.

Conocemos casos recientes, aunque de menor intensidad, como la emisión producida en 1991 por el volcán Pinatubo, en Filipinas, cuyos efectos sobre la temperatura se notaron durante un año en todo el planeta, llegando a alcanzar una bajada media de hasta 0,5 °C. La otra teoría que justificaría esta brusca y corta bajada de temperatura está respaldada principalmente por geólogos japoneses, como Isozaki, de la Universidad de Tokio, que consideran que el Capitaniense experimentó un debilitamiento del campo magnético terrestre permitiendo una mayor entrada de rayos cósmicos en la atmósfera. Esta entrada aumentaría la producción de nubes y, con ello, debilitaría la penetración de radiación solar haciendo disminuir la temperatura global. El caso del campo magnético es muy llamativo y lo abordamos más adelante.

Bajada del nivel del mar

Los cambios en el nivel del mar pueden ser locales debidos, por ejemplo, a la subsidencia que se produce cuando se desarrolla una cuenca, pero también pueden ser de tipo global, afectando a todos los océanos, como sucedió en el caso del Capitaniense, al que ahora nos referimos. Los cambios globales son conocidos como eustáticos, término acuñado en el siglo XIX por el geólogo austriaco Eduard Suess, y están relacionados con las variaciones de hielo en los casquetes polares o con una importante actividad tectónica. Esta relación es evidente si pensamos que las etapas frías son las que conservan el hielo en esas zonas de la Tierra.

El hielo es menos denso que el agua líquida y ocupa más espacio, por lo que el aumento de aquel hace que baje el nivel global del mar produciendo una retirada del agua de la costa, o regresión, afectando principalmente a las plataformas marinas. En el caso opuesto, es decir, más agua y menos hielo, se produce lo contrario, el nivel del mar sube y ocupa extensas superficies del continente, lo que se conoce como transgresión. En la actualidad estamos viviendo una subida global del nivel del mar debido a la pérdida paulatina de las masas de hielo en las altas latitudes motivada por el ascenso medio de la temperatura. En el Capitaniense sucedió lo contrario, y el nivel del mar llegó a bajar hasta 80 m (figura 2). Como veremos más adelante, esta bajada perjudicó seriamente al desarrollo de la vida, especialmente en las extensas áreas que representan las plataformas marinas.

Inversión en el campo magnético

Sabemos que los procesos fisicoquímicos que hemos ido viendo en el Capitaniense se sucedieron relacionándose unos con otros, aunque en algunos casos no hay todavía una idea clara que explique el origen de algunos de ellos. En esta misma línea estaría incluida la variación que experimentó el campo magnético de la Tierra a comienzos de ese piso.

La estructura y composición del planeta hace que este tenga un campo magnético y funcione como un imán, es decir, un dipolo con sus polos norte y sur. En la actualidad, la corriente de este campo magnético entra por el norte y sale por el sur, aunque este norte y sur no coincidan exactamente con el norte y sur geográfico. Este sentido de desplazamiento lo llamamos normal, por ser el que muestra actualmente el campo magnético del planeta.

A mediados del siglo XX, dos científicos franceses, Bernard Brunhes y David Gubbins, comprobaron que este campo magnético cambia con el tiempo y adquiere una corriente con sentido inverso al que hubiese previamente. Así, hace unos 800 000 años, la Tierra tenía un campo magnético contrario al actual y para diferenciarlo del que tenemos ahora, a aquel lo llamamos "inverso". Estos cambios se han repetido multitud de veces en la historia de la Tierra y lo más interesante es que quedan registrados en algunas rocas, como sucede en los basaltos. Así, se puede hacer una especie de calendario que muestre las épocas del pasado con campos magnéticos "normales" e "inversos" para cuya diferenciación en los trabajos científicos, los primeros se dibujan mediante franjas negras y los inversos en blancas. Es curioso ver en ese calendario que unos cambios, o inversiones magnéticas, se produjeron en cientos de miles de años mientras otras inversiones han esperado decenas de millones de años para realizarse.

Todavía hay mucho debate sobre el origen y el momento en el que se produce una inversión magnética, aunque cada vez se refuerza más la idea de que pueda estar relacionado con la inestabilidad térmica ligada a la actividad de la base de las superplumas, en la zona de transición entre el núcleo y el manto. Por otro lado, es bien conocida desde hace tiempo la importancia que el campo magnético tiene sobre la vida, ya que actúa como un escudo, la magnetosfera, repeliendo la radiación cósmica procedente del espacio, cuya incidencia sería letal para los diferentes organismos que viven en la superficie del planeta.

En la base del Capitaniense nuestro planeta sufrió uno de los momentos de inversión magnética más importantes de su historia, pues se pasó de una etapa inversa, que se había prolongado nada menos que 50 Ma, a otra normal. La inversa fue tan larga que recibió el nombre de supercrón inverso de Kiaman, refiriéndose el término *cron* a una unidad pequeña de tiempo geológico. El cambio producido, como tal, es conocido como inverso de Illawarra, siendo Illawarra la región del sur de Australia donde se estudió por primera vez. Algunos autores consideran la posibilidad de que el inverso de Illawarra esté relacionado con el ascenso de una superpluma que provocó la alteración del dipolo geomagnético debilitando el campo magnético. La debilidad del campo protector pudo tener consecuencias sobre la temperatura media del planeta, como hemos expuesto, pero también sobre la vida, como veremos a continuación.

¿Cómo afectaron estos cambios a Pangea y Pantalasa? Llega la primera crisis

En los pasados años noventa, los equipos de Jin Yugan, del Instituto de Geología y Paleontología de Nanjin, China, y Steve Stanley, de la Universidad John Hopkins, en Baltimore, Estados Unidos, demostraron por primera vez la extinción del Capitaniense en dos trabajos casi simultáneos. Las publicaciones sobre el tema no han cesado desde entonces. Así, en artículos recientes, algunos investigadores han dado un paso más grande comprobando que los 5 Ma que duró el piso Capitaniense están marcados por diferentes etapas en las que distintos grupos de fauna y flora se vieron afectados en su desarrollo, hasta llegar a una extinción general al final de este piso, como se muestra en la figura 4. Esta extinción fue de rango menor cuando se compara con las cinco principales que ha vivido nuestro planeta (figura 2), pero también de gran importancia por ser, de algún modo, el inicio o detonante de la siguiente extinción, la de la transición entre el Pérmico y el Triásico.

A pesar del peso que la crisis del Capitaniense tiene para entender la siguiente, hay que señalar que todavía quedan muchos cabos que atar para definir su origen. Hemos ido mostrando en este capítulo diferentes procesos fisicoquímicos que eran firmes candidatos para afectar al desarrollo de la vida y llevarla a una situación extrema; sin embargo, ninguno de esos procesos termina por ser el definitivo para la comunidad científica, que apuesta por diferentes orígenes según las escuelas. Es muy posible que estemos ante diferentes causas que condujeron a la crisis del Capitaniense, que se solaparon o retroalimentaron de forma sucesiva entre ellas. Lo cierto es que cualquiera de las hipótesis que plantean los autores resulta plausible y tiene sentido, al menos hasta que se conozca la causa definitiva.

Para facilitar la comprensión de las diferentes teorías sobre la extinción del Capitaniense, podemos adelantar que el calor producido en la transición núcleo-manto que condujo al ascenso de la superpluma de Emeishan se halla detrás del comienzo de dicha crisis. Este proceso, que hemos mostrado anteriormente, se explica mediante dos hipótesis que muestran las posibles causas y sus consecuencias derivadas: una superpluma que alcanza la superficie de la Tierra modificando las características fisicoquímicas de aquella y de la atmósfera, y una superpluma cuyo ascenso debilitaría el campo magnético, rompiendo la protección que este brinda a la

Tierra y que habría provocado la entrada de rayos cósmicos en la superficie del planeta. Ambas hipótesis tienen un mismo arranque y derivan en procesos claramente destructivos para la vida del planeta.

Los investigadores que respaldan la primera hipótesis consideran que, como ya hemos mostrado, cuando las emisiones magmáticas de Emeishan alcanzan la superficie de la Tierra, se producen diferentes fenómenos destructivos de forma encadenada, donde destacan la lluvia ácida, la acidificación del agua del océano y disminución del ozono en la atmósfera, la desoxigenación o anoxia en Pangea y Pantalasa, la bajada de la temperatura media por la concentración de gases en la atmósfera y la caída del nivel del mar asociada a la temperatura. Esta última nos valdría como ejemplo para mostrar uno de estos casos, pues se trató de una bajada de decenas de metros, alcanzando de forma global la zona de hábitat de los corales y provocando la importante crisis que sufrió este grupo, como la de muchas otras comunidades que vivían a poca profundidad, en las plataformas marinas, bivalvos y foraminíferos incluidos.

Poco habría que añadir a un listado de procesos tan dañinos como los expuestos para justificar un desastre global; sin embargo, algunos geólogos, básicamente japoneses, que apoyan la segunda hipótesis, consideran que el volumen de las emisiones de Emeishan, comparadas con otros conocidos de vulcanismos pasados y actuales, no serían tan grandes como para producir unos efectos tan dañinos, y deberían estar acompañadas de una causa mayor. Con este razonamiento y mediante investigaciones llevadas a cabo en la última década, estos autores se aferran más a la segunda hipótesis, es decir, a la entrada masiva de rayos cósmicos con las consecuencias letales que acarrearía sobre la vida. Además, esta hipótesis también explicaría la caída de la temperatura mediante la acumulación de partículas en la atmósfera debido a los rayos cósmicos, partículas que harían de barrera ante los rayos del sol, disminuyendo la temperatura global y, de paso, justificando también la caída del nivel del mar por la bajada de temperatura y acumulación de más hielo en los casquetes polares. Estos autores consideran que este proceso de debilitamiento del campo magnético y sus consecuencias pudieron tener lugar antes de que la superpluma llegase a la superficie de la Tierra y produjese los daños encadenados antes citados, por lo que la segunda hipótesis no excluiría a la primera, sino que iría por delante en el tiempo.

Sea como fuere, la vida sufrió las consecuencias de todos estos acontecimientos, consecuencias en las que sí parece haber amplias coincidencias entre los diferentes investigadores.

Consecuencias sobre la vida del Capitaniense

En el océano

Si hubiera que hacer un catálogo con los grupos de fauna más perjudicados durante la crisis del Capitaniense, tendríamos que destacar aquellos que vivieron en las plataformas marinas, tanto los que lo hacían fijos al lecho o nectónicos (corales rugosos y los foraminíferos), como los móviles o planctónicos, especialmente algunos bivalvos. Con la crisis, el número de géneros de tipo planctónico se redujo desde algo más de 500 a casi 200 géneros, y en el caso de los planctónicos, la reducción fue de unos 300 géneros a algo más de 150. De los foraminíferos, las fusulinas en concreto llegaron a perder hasta el 75% de los géneros, al igual que el 78% de los géneros de corales.

En las zonas tropicales de Pantalasa también hay que destacar la desaparición de numerosas especies de briozoos, amonites y braquiópodos articulados. Estudios recientes en el sur de China han demostrado que en este último grupo pudieron llegar a desaparecer hasta el 90% de las especies, después de haber sido muy abundantes en las plataformas marinas del Pérmico. De los grandes grupos marinos solo desaparecieron los blastoideos, equinodermos de tamaño pequeño.

Un dato importante es que los fósiles que han permitido hacer estos estudios, básicamente en secciones de campo de China y Nuevo México, han sido extraídos de niveles de calizas. Estas rocas han podido ser datadas mediante conodontos, es decir, pequeños fósiles fosfáticos de animales pisciformes, y los resultados indican que la primera crisis en la fauna marina se produjo al principio del Capitaniense, justo después de la inversión magnética de Illawarra y de las primeras erupciones magmáticas de Emeishan. Este dato es interesante, porque en esa zona del sur de China se han podido observar otros cambios similares ligados a vulcanismos que estaban por encima del nivel anterior, lo que indica que hubo varios niveles de crisis en la fauna hasta llegar a la última y más importante de ellas, al final del Capitaniense, como se muestra en la figura 4.

En el continente

Los cambios que experimentaron la fauna y la flora en el continente Pangea se produjeron al mismo tiempo que en el océano Pantalasa, fueron crisis simultáneas. Como ya hemos mostrado en el capítulo 1, a lo largo del Pérmico, los terápsidos, tanto herbívoros como carnívoros, estaban adquiriendo adaptaciones morfológicas muy favorables y características ventajosas como el huevo amniótico. A pesar de la buena tendencia que llevaba este grupo, la crisis del final del Capitaniense provocó cambios en su fauna, representados básicamente por sustituciones o reemplazamientos de algunos géneros. Estos cambios sucedieron en áreas muy separadas unas de otras, como la cuenca del Karoo, en Suráfrica, estudiada en detalle por Roger Smith y su grupo, del museo de Suráfrica, en Ciudad del Cabo, o la cuenca de Vyatskian, Rusia, también estudiada de forma meticulosa por Michael Benton, de la Universidad de Bristol, en Reino Unido, prestigioso paleontólogo con reflexiones brillantes sobre la adaptación de la fauna y la flora a situaciones de crisis.

FIGURA 6

Recreación de la zona actual del sur de los montes Urales, en Rusia, de un paisaje del final del Pérmico medio, antes de la crisis del Capitaniense. *Anteosaurus* (arriba) y *Titanophoneus* (abajo), dos géneros de terápsidos carnívoros pertenecientes a los dinocéfalos, junto con flora de *Glossopteris* (al fondo), arbusto o árbol característico del Pérmico y perteneciente a las pteridospermas. Tras la crisis del Capitaniense, los terápsidos dinocéfalos fueron sustituidos en su mayoría por otros grupos, como dicinodontos y gorgonópsidos.

Así, dentro de los terápsidos, los dinocéfalos fueron rápidamente reemplazados, como fue el caso del carnívoro *Anteosaurus* o reptil primitivo (figura 6), que en el Pérmico medio había ocupado parte del espacio que dejaron los pelicosaurios cuando estos desaparecieron al final del Pérmico inferior. Entre los que sustituyeron a los dinocéfalos se hallaban los dicinodontos y gorgonópsidos, herbívoros y carnívoros respectivamente, y los cinodontos, tanto herbívoros como carnívoros, todos ellos pertenecientes también a los terápsidos del grupo sinápsidos, es decir, amniotas. Los dicinodontos eran similares a un cerdo actual, y los cinodontos, que habían comenzado su desarrollo en el Carbonífero y tenían un tamaño parecido al de un perro mediano, mostraban una característica innovadora, un paladar doble que les permitía masticar y respirar al mismo tiempo, una característica presente en todos los mamíferos actuales.

Como veremos, algunos representantes de este grupo pasaron también con éxito la siguiente extinción, la del límite P-T. Los paleontólogos vinculan la anatomía y comportamiento de estos terápsidos con los futuros mamíferos no solo por sus mandíbulas complejas, también por la adquisición de posturas más erguidas y la posibilidad de que tuviesen pelo y sangre caliente. Por su importancia, hablaremos de este último grupo con más detalle en los capítulos 7 y 8.

Los bosques habían sufrido proporcionalmente menos que los tetrápodos; además, los cambios les afectaron de forma gradual, dando paso a aquellos dominados por gimnospermas, plantas con semillas, donde destacaron las coníferas, dejando atrás el dominio de las licópsidas (una clase de plantas pteridofitas, que son vasculares, es decir, con raíz, tallo y hojas, donde predominaron los helechos), que se habían ido adaptando bien desde el Carbonífero. Incluso había continuado la flora de *Glossopteris*, género perteneciente a las pteridospermas o helechos con semillas, que había empezado su desarrollo en el Carbonífero, adaptándose a las etapas frías de ese periodo y del comienzo del Pérmico. Como veremos en el capítulo 7, las plantas afrontaron la crisis del Capitaniense y la del límite P-T con un ritmo muy particular en el que destacaba un marcado carácter de transición, sin prisas ni cambios bruscos.

¿Qué pasó después de la crisis del Capitaniense?

La crisis del Capitaniense llegó a su fin hace unos 260 Ma, precisamente donde ese piso termina y comienza el siguiente, el Wuchipiangiense (figura 4). Como hemos comentado, esta crisis, aun siendo considerada como menor, estaba relacionada con la del límite P-T, que sucedió en torno a 252 Ma. Los aproximadamente 6 Ma que separan ambas crisis despiertan un gran interés entre los investigadores por dos motivos básicos: por un lado, la actividad magmática a gran escala, como la de Emeishan, se había detenido y, por otro, porque la vida en el planeta había quedado golpeada y estaba intentando recuperarse cuando sobrevino la siguiente crisis, la más importante.

Una vez que el vulcanismo de Emeishan detuvo su actividad al final del Capitaniense, los efectos encadenados producidos por dicha actividad también tendieron a remitir, generando unas condiciones ambientales que poco a poco se fueron haciendo nuevamente favorables para el desarrollo de la vida. Todo parece indicar que el comienzo de la recuperación de algunos grupos de animales terrestres fue rápido, empezando poco después de terminar la crisis del final del Capitaniense. Una recuperación que, como ahora veremos, tuvo un corto recorrido.

Geológicamente hablando, la etapa de transición entre la crisis del Capitaniense y la del límite P-T, de unos 6 Ma, fue relativamente corta. Paul B. Wignall, de la Universidad de Leeds, en Reino Unido, que estudió en detalle esta etapa de transición posterior a la crisis del Capitaniense, se refirió a ella con una frase que nos sirve de introducción para nuestro siguiente capítulo: "Desgraciadamente, lo peor para la vida y la Tierra estaba todavía por llegar".

CAPÍTULO 3

La crisis del límite Pérmico-Triásico

Terminamos el capítulo anterior preparándonos para el desastre que estaba a punto de llegar y es ahora cuando toca desarrollar esa situación. Para ser más precisos, debemos hablar de crisis general, porque, como iremos viendo, se trató de un proceso encadenado de fenómenos fisicoquímicos que terminaron alterando los ecosistemas y la vida hasta llevarla al borde de la desaparición. También veremos que el comienzo de esta crisis supone un cambio importante en nuestro calendario geocronológico, porque no solo representa el paso del periodo Pérmico al Triásico, sino también de la era Paleozoico a la Mesozoico (figuras 1 y 2). Es por ello por lo que esta crisis se conoce habitualmente como la crisis del límite P-T, aunque, como explicaremos, la edad del comienzo de esta y la del límite oficial P-T no coinciden exactamente. Además, los efectos de la crisis en el planeta fueron inmediatos, pero también produjo otros a medio y largo plazo que se prolongaron durante los primeros millones de años del periodo Triásico.

Unos nombres básicos

Conviene recordar brevemente a aquellos científicos que propusieron inicialmente los límites a estos periodos geológicos.

John Phillips fue un geólogo inglés del siglo XIX con una inmensa tenacidad y capacidad de observación. Fue coetáneo de otros grandes naturalistas, como Lyell y Darwin, en un siglo de gran actividad científica en Reino Unido durante el que se desarrollaron importantes teorías científicas en el campo de la geología y de la evolución de la vida. En 1860, Phillips desarrolló la primera escala de tiempo geológico basada en la correlación de diferentes grupos fósiles. Esta escala, como se verá con más detalle en el capítulo 6, era muy simple si la comparamos con la mostrada en la figura 2, pero ya reflejaba un cambio crucial, que era, precisamente, señalar el límite entre las eras Paleozoico y Mesozoico. Algo crítico había sucedido en ese momento del registro geológico, aunque él todavía no entró en los detalles de su origen.

Paralelamente a los estudios de Phillips, Friedrich August von Alberti definió en 1834 el periodo Triásico en Alemania, aunque gran parte de sus trabajos se desarrollaron en los Alpes austriacos. Es interesante recordar que el periodo Pérmico lo definió siete años más tarde Roderick Murchison en Rusia. Von Alberti, coetáneo y compatriota del naturalista (y astrónomo, explorador, humanista y geógrafo incansable) Alexander von Humboldt, acuñó el nombre de Triásico (en realidad lo llamó Trias, del latín *triadis*, 'triada') al ver que en Alemania se podía distinguir en ese periodo una sucesión de rocas que constituían tres paquetes principales que, desde la parte inferior a la superior, estaban básicamente representados por areniscas, calizas y sales (*Buntsandstein, Muschelkalk* y *Keuper*, respectivamente). Alberti dedicó gran parte de su vida al desarrollo industrial de las sales (Keuper) y sus biógrafos dicen de él que obtuvo una gran fortuna, fue risueño y honesto.

¿Dónde podemos observar el límite P-T y qué edad tiene?

Un hallazgo como el de Phillips tendría hoy una gran repercusión en los medios de comunicación, pero el siglo XIX llevaba otro ritmo, y estas noticias quedaban relegadas a círculos reducidos de sociedades científicas, algunas incluso sometidas a estrechas críticas empujadas por una percepción social o religiosa miope. El mismo Charles Lyell, en su obra cumbre *Principles of Geology* (1830), tuvo dificultades para ordenar en el tiempo la sucesión de fósiles que encontró en las rocas de Reino Unido. Fue un siglo jalonado por magníficos científicos en toda Europa, pero sus hallazgos empezaron a entenderse mucho más tarde, hasta un siglo después en algunos casos.

La Comisión Estratigráfica Internacional (ICS) es un subcomité científico de la Unión Internacional de Ciencias Geológicas (IUGS) que se encarga, entre otras cosas, de fijar las edades de la tabla cronoestratigráfica, o escala temporal estratigráfica, con la mayor precisión posible; es decir, de determinar la edad del comienzo y final de las eras, periodos, épocas y pisos de ese calendario geológico que mostramos parcialmente en la figura 2. Es una labor compleja que comenzó a desarrollarse en 1974 y en la que participan especialistas internacionales de diferentes campos de la investigación, entre los que es fácil encontrar paleontólogos, físicos y químicos. Cuando consiguen determinar la edad entre dos pisos o dos periodos, como sería en nuestro caso el Pérmico y el Triásico (figura 2), buscan también el sitio óptimo para observar dichos límites en el campo y, una vez determinado, lo fijan oficialmente y lo denominan "sección y punto de estratotipo de límite global" (GSSP). Llegar a determinar un estratotipo en un lugar concreto del planeta puede suponer muchos años de trabajo y, cuando se consigue, es un acontecimiento que se rubrica con un clavo de oro; literalmente, se coloca un clavo de oro en ese punto. Es importante decir que todavía quedan límites que no tienen su clavo de oro, por lo que queda tarea por hacer.

Poner el límite, con su clavo de oro, entre los periodos Pérmico y Triásico conllevaba, incluso, algo más de responsabilidad, pues es un punto que marca un antes y un después en la historia de la Tierra. Había, además, una complejidad física añadida, algo tan básico como la dificultad de encontrar una sucesión completa de estratos en cualquiera de los continentes en la que aparezca, o aflore, el límite P-T. Esta dificultad se debe sencillamente a que la transición entre ambos periodos ha desaparecido por erosión en muchos de los afloramientos del planeta. Una explicación de ello puede deberse a que el ensamblaje y la posterior destrucción de Pangea llevó consigo una gran movilidad tectónica que provocó el desarrollo de importantes erosiones, haciendo desaparecer gran parte del registro de esa transición.

La ICS tuvo que discernir entre los diferentes candidatos a la hora de determinar el GSSP entre estos dos periodos. En ocasiones, esta selección conlleva connotaciones políticas, pues no deja de ser un punto de reconocimiento internacional. Hay requisitos que son básicos para la toma de decisiones por parte de la Comisión, como el buen acceso físico al lugar que se propone, una datación precisa con fósiles y que estos puedan ser reconocidos en otros lugares del planeta. Así, para empezar a determinar un límite es necesario, entre otras cosas, obtener el dato que nos proporciona la primera aparición de un fósil concreto (FAD, *first-appearance datum*).

Después de debates intensos en la ICS, el clavo de oro que marcaba el límite entre el Pérmico y el Triásico se puso en 2001 en una sección de campo próxima a la ciudad de Meishan, en la provincia de Zhejiang, China, localizado con las coordenadas 31° 04' 47,28" N / 119° 42' 20,90" E. En concreto, el clavo se colocó en la base del nivel 27c, un nivel de 3,5 cm de espesor dentro de la sucesión de estratos, o columna estratigráfica, que presentó el grupo chino, y donde se encuentra el FAD del fósil *Hindeodus parvus*. Este fósil es una pieza de la cabeza de un conodonto, un cordado hoy extinto que era similar a una anguila y que puede hallarse en otras secciones del mundo en las que, por tanto, también puede reconocerse el límite P-T, como sucede, por ejemplo, en los Dolomitas, al norte de Italia (figura 7A), a miles de kilómetros de Meishan. Eso era clave. El fósil, como tal, tiene unos pocos milímetros de longitud y pertenece al aparato alimentario del animal. Este fósil nos indica el comienzo del periodo Triásico, concretamente al comienzo de su piso más basal, el Induense (figura 7B). Es, por tanto, una manera de señalar el límite P-T, aunque no su edad, como veremos ahora.

FIGURA 7

A. Límite entre los periodos Pérmico y Triásico (flecha) en los Dolomitas, Alpes italianos. El investigador José F. Barrenechea, de la UCM, se acerca a coger muestras por encima y debajo del límite P-T para realizar estudios sobre los cambios en la acidez. Es importante destacar que la Comisión Estratigráfica Internacional intenta fijar los límites de las eras, periodos, pisos etc., de la tabla cronoestratigráfica mediante edades absolutas obtenidas a través de análisis radiométricos. Sin embargo, la GSSP se realiza mediante la presencia de un fósil que, en el caso del comienzo del Triásico, está localizado en una sección estratigráfica en Meishan y marcado por la primera aparición del conodonto *Hindeodus parvus*. Se trata, por tanto, de fósiles que tienen una importante distribución geográfica, de manera que podemos encontrar otras secciones lejanas a China donde también los podamos identificar, como en el caso de la imagen, en Italia. B. El impacto que producen las abundantes y prolongadas emisiones volcánicas, como los *Siberian traps*, repercute en la flora y fauna, pero también se ve reflejado en los cambios de tendencia de algunas relaciones isotópicas. En el caso de la curva de la relación $^{13}C/^{12}C$, el recuadro ampliado del pico o tendencia negativa coincidente con el límite P-T permite mostrar que se trata de dos tendencias, en lugar de una, y los asteriscos representan los cuatro picos negativos del comienzo del Triásico, también relacionados con los cuatro nuevos pulsos volcánicos en los *Siberian traps*. Estos últimos pulsos son los que no permitieron la pronta recuperación de la fauna y la flora tras la crisis del límite P-T.

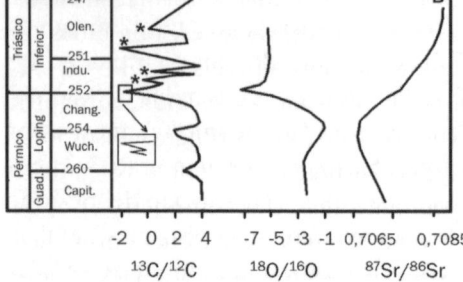

El día que se puso el clavo de oro en Meishan se realizó una gran ceremonia con representantes internacionales y se descubrió un monolito de casi 20 m de altura que sujeta una escultura de *Hindeodus parvus* en su parte más alta. Un acontecimiento singular si se compara con el de otros clavos de oro, pero que sin duda ayudará a comprender lo que representa este momento clave en la Tierra.

Una vez que se había señalado el punto en el que se situaba el límite P-T y su FAD, ya solo faltaba determinar qué edad tenía, es decir, la edad que indicaba el clavo de oro que representaba ese límite. Para estos casos se recurre a las dataciones radiométricas. Estas empezaron a utilizarse hace algo más de un siglo por el químico estadounidense Bertram Boltwood y se basan en el tiempo que le lleva a un isótopo de un elemento a transformarse, por desintegración, en otro isótopo del mismo elemento. Se denomina vida media al tiempo que transcurre para que la mitad de los átomos de ese isótopo se transformen en el nuevo isótopo. Para la mayoría de los isotopos radiactivos, o nucleidos, la vida media depende únicamente de las propiedades nucleares y es, esencialmente, una constante. De este modo, conociendo el valor de la constante y el contenido isotópico transformado de un elemento, podemos obtener la edad desde que empezó el proceso de transformación, es decir, la de roca que lo contiene. Algunas rocas, especialmente de origen volcánico, tienen minerales que poseen en su estructura elementos con este tipo de isótopos, por lo que muestran estas posibilidades isotópicas que permiten saber la edad a la cual se formaron dichas rocas. La búsqueda de este tipo de rocas es, por tanto, un objetivo clave para obtener dataciones precisas.

La sección de campo de Meishan fue elegida, entre otras razones, por poseer rocas con este tipo de potencial isotópico. De hecho, los niveles 25 y 28 tienen influencia volcánica y están situados respectivamente a escasos centímetros por debajo y por encima del nivel 27c, en el que se encuentra el conodonto *Hindeodus parvus*. Era perfecto. Las edades radiométricas obtenidas en las muestras volcánicas de esos niveles han ido cambiando ligeramente en las últimas décadas según se iban precisando los análisis en el laboratorio, y seguirán haciéndolo en los próximos años según vayan mejorando estas técnicas.

En 2020, la ICS fijaba en 251,939 Ma la edad del nivel 25, como el nivel en el que se produce la extinción masiva, siendo el nivel 27c el que representa el comienzo del Triásico y, por tanto, del Mesozoico. Este dato es muy interesante, porque indica que, aunque los niveles 25 y 27c están separados entre sí por unos 16 cm, el nivel 25, el inferior, pertenecía todavía al Pérmico, aspecto por el que la crisis que generó la extinción masiva entre el Pérmico y el Triásico es conocida indistintamente en las publicaciones como crisis del final del Pérmico, o crisis del límite P-T.

Primera aproximación al origen de la crisis: ¿un meteorito?

Las causas que originaron la crisis del límite P-T empezaron a buscarse con cierta determinación más de un siglo después de que John Phillips sorprendiese a la comunidad científica europea con sus hallazgos. Gran parte del interés por conocer qué había pasado en ese límite para acabar con tanta vida en nuestro planeta estuvo impulsado por el investigador estadounidense Luis Walter Álvarez. Este físico de partículas, galardonado con el Premio Nobel de Física en 1968, no se podría imaginar que pasaría a la historia por lanzar en 1980 la teoría del impacto meteorítico que terminó, entre otras cosas, con la vida de los dinosaurios hace 65 Ma, es decir, en el límite entre las eras Mesozoico y Cenozoico (figura 2). Este límite fue también detectado por Phillips, donde dejó patente una importante desaparición de grupos fósiles, aunque reconoció que era de menor transcendencia que las pérdidas que había observado en el límite P-T.

Luann Becker, geóloga de la Universidad de Santa Mónica, en California, y su equipo intentaron buscar en aguas australianas las pruebas que justificasen un impacto meteorítico en el límite P-T, pruebas que deberían ser similares a las encontradas por Álvarez y su equipo, como el cráter de impacto que estos hallaron en 1991 en la península de Yucatán, México. Sin embargo, no pudieron ser demostrados ni el cráter ni las altas concentraciones en elementos como el iridio, que son típicas de estos impactos, o una relación entre el helio y el argón que reflejase los valores que tendrían las nubes de polvo durante el origen del sistema solar y que también apuntaría a un origen meteorítico. La búsqueda de impactos meteoríticos en el límite P-T tiene poco tirón en la actualidad, por lo que se han perseguido otras alternativas que puedan justificar las alteraciones fisicoquímicas que sufrió el planeta en dicho límite.

No fue un meteorito. ¿Pudo ser la pérdida de oxígeno en la Tierra?

En la década de 1990, diferentes grupos internacionales se pusieron a buscar nuevas líneas de investigación que llevasen hasta un origen de la crisis del límite P-T, pero que estuviesen respaldadas por evidencias contundentes. Algunas de estas líneas ya eran conocidas, pues habían sido tanteadas en el estudio de otras crisis. Un ejemplo es el estudio sobre la disminución en el contenido en oxígeno llevado a cabo por Anthony Hallam, de la Universidad de Birmingham, Reino Unido, gran especialista en el estudio de las principales extinciones en la historia de la Tierra, y que él mismo amplía a catástrofes y calamidades, como titula su libro de 2004. Unos años antes, este investigador había profundizado en los problemas ocasionados por la falta de oxígeno, o anoxia, durante la crisis en la transición entre los periodos Triásico y Jurásico, otra de las crisis masivas que ha sufrido la Tierra (figura 2).

El legado de este investigador es inmenso, dejando tras de sí una larga lista de doctorandos y actualmente de profesores de diferentes universidades de Reino Unido que también han profundizado en la crisis del límite P-T y que en las dos últimas décadas han copado la lista de artículos de gran impacto en el tema, como es el caso de los también británicos Richard Twitchett y Paul B. Wignall. Este último y Anthony Hallam aplicaron sus conocimientos sobre la anoxia a las aguas someras de Pantalasa durante el límite P-T. Una prueba que les hizo pensar en una caída de los niveles de oxígeno justo por encima del límite P-T fue el apreciar que las rocas formadas en plataformas marinas someras contenían muy pocas especies fósiles, y estas, sin embargo, mostraban un considerable número de individuos. Estos individuos, como el molusco *Claraia* o el braquiópodo *Lingula*, son conocidos como "oportunistas" por su capacidad de colonizar y progresar en zonas con bajas condiciones de oxígeno, típicas de crisis medioambientales. Hablaremos con más detalle de este tema en el capítulo 8.

Estas condiciones de anoxia, sin embargo, tenían una clara limitación para hacerlas responsables de una crisis global y es que, por entonces, no habían sido observadas en aguas marinas profundas. Pero pocos años después, Yukio Isozaki, de la Universidad de Tokio, consiguió demostrar la presencia de condiciones de anoxia en zonas marinas profundas mediante el hallazgo de nódulos de sílex, cuyos colores oscuros indicaban la ausencia de oxidación, demostrando, por tanto, la presencia de anoxia también en profundidad. Hay que decir, sin embargo, que los estudios elaborados por los diferentes equipos que trabajan en la anoxia como causa directa de extinciones masivas no han podido aportar modelos cuantitativos sobre la cantidad de dióxido de carbono que sería necesaria incorporar para llegar a esta situación de falta de oxígeno, cantidad de este compuesto que, como veremos en los siguientes capítulos, era básica para entender los procesos de anoxia. Tampoco hay acuerdo entre los investigadores en cuál sería la respuesta de los organismos a la anoxia: Hallam y Wignall consideran que afecta más a organismos de alto metabolismo, mientras que otros investigadores como Andrew Knoll, profesor de Harvard y experto en el desarrollo de la vida, sugieren lo contrario. En la actualidad, la anoxia ha quedado como un complemento más dentro del puzle de fenómenos que han contribuido a la extinción del límite P-T, pero no como una causa directa.

¿Estaba la clave en la variación del nivel del mar?

Como vimos en el capítulo anterior, la bajada del nivel del mar ha sido otra línea de investigación que ha suscitado mucho interés y ha producido muchos artículos científicos relacionados con crisis bióticas y, en concreto, intentando respaldar aquella del límite P-T. El nivel del mar ha subido y bajado continuamente desde que los océanos se instalaran en nuestro planeta, hace algo más de 2500 Ma. Este fenómeno, como ya hemos visto, se debe básicamente a movimientos tectónicos de gran envergadura o variaciones en el contenido de hielo de los glaciares y casquetes polares, y se conoce como eustatismo.

Norman D. Newell, eminente paleontólogo de la Universidad de Columbia, Nueva York, además de destacado saxofonista, planteó una hipótesis muy sencilla y, aunque parezca obvia, es muy interesante y tiene mucho recorrido científico: las zonas de costa más someras quedan expuestas cuando el nivel del mar baja. Esta exposición, que puede representar una superficie ingente cuando se suman todos los continentes, produce una reducción sustancial de los organismos marinos que viven en el sustrato de esas zonas someras, llamados organismos bentónicos, pero también se reduce la extensión de agua que hay sobre esas superficies y, por tanto, afecta a los organismos que viven nadando o flotando sobre ellas, los organismos nectónicos.

Con buen criterio, Hallam y Wignall observaron la curva de nivel del mar del Fanerozoico, es decir, de los últimos 540 Ma, y comprobaron que el límite P-T coincidió con el nivel del mar más bajo de esa larga etapa (figura 2). Esta observación, y un detallado estudio posterior, los llevó en 1997 a valorar la hipótesis de Newell como proceso factible para entender la crisis del límite P-T. A pesar de ello, estos dos autores, y posteriormente Hallam (2004) de forma individual, observaron que en otros momentos de la historia de la Tierra también se produjeron extinciones masivas relacionadas, en esos casos, con importantes subidas del nivel del mar, aspecto que parecía contradecir lo dicho por Newell. De hecho, al observar la tendencia del nivel del mar, vemos que este empezó a subir progresivamente durante el Triásico, a partir del mismo límite P-T. Hallam consideraba que al subir el nivel del mar se podían expandir las aguas anóxicas que hubiese en el fondo oceánico, produciendo la muerte masiva de organismos marinos. Al final, quedaba claro que las variaciones del nivel del mar afectaban considerablemente a la vida, especialmente en las zonas bentónicas, pero no justificaban por sí mismas una crisis de la envergadura del límite P-T.

El cambio climático, un factor que siempre condiciona la vida

Al igual que ha sucedido con el nivel del mar, las variaciones en las temperaturas medias de la Tierra han ido cambiando a lo largo de su historia. La temperatura es un factor decisivo para resolver la ecuación que representa una crisis fisicoquímica con efectos sobre la vida a escala global. Desgraciadamente, hoy somos testigos de lo que supone *simplemente* el incremento medio global en algo más de 1 °C en las últimas décadas, una subida catalizada, en este caso, por la desbocada actividad humana. Estamos viendo una degradación encadenada en el medioambiente donde el simple calentamiento de las aguas en los océanos produce alteraciones en la atmósfera que conducen a importantes sequías y cambios en la vegetación y fauna a nivel global, situaciones que hacen insostenible la vida en algunas zonas del planeta y provocan la inevitable migración de los habitantes desde las áreas más afectadas, los llamados refugiados climáticos.

La variación en temperatura media global es, por tanto, un claro desencadenante de múltiples alteraciones medioambientales con efectos sobre la vida y, por ello, un firme candidato para apuntalar el origen de la crisis del límite P-T que aquí nos ocupa. Por ejemplo, el hecho que señalábamos anteriormente de que el nivel del mar estaba muy bajo durante dicho límite hizo pensar a algunos investigadores en la década de 1990 que la crisis producida durante el límite P-T pudo estar relacionada con una etapa de glaciación intensa que provocaría la retirada del mar de las costas.

Una evidencia definitiva para diferenciar la presencia de temperaturas frías en el registro de rocas es la aparición de hielo, pero esta información está muy limitada, porque el hielo más antiguo de la Tierra tiene una edad en torno a 4 Ma, así que no valdría para etapas más antiguas. De esta manera, para detectar la presencia de hielo en registros de rocas anteriores podemos recurrir a los llamados *dropstones* (algo así como lluvia o caída de piedras). Se trata de las piedras, incluso grandes bloques de roca, que arrastran los glaciares en su superficie y que se han ido acumulando a lo largo de la vida de estos. Cuando estas masas de hielo llegan al mar, o a grandes lagos, se fracturan formando icebergs, y las rocas que todavía llevan consigo son desplazadas con ellos sobre las aguas, pudiendo hacerlo hasta distancias de cientos de kilómetros. El hielo termina derritiéndose y las piedras se hunden hasta el fondo del océano o lago. Evidentemente, esas rocas han llegado hasta allí, pero ese no es el sitio en el que se han formado. Pasado el tiempo, el geólogo de turno que las estudia se da cuenta de que esas rocas están aisladas, fuera de lugar, lo que le permite deducir que se trata de *dropstones* y que en aquel momento había glaciares no muy lejos de esa zona. Si esos sedimentos, por ejemplo, tenían una edad Pérmico inferior, entonces podemos deducir que con esa edad había glaciares no muy distantes. Se trata de una información de gran interés en las reconstrucciones paleogeográficas aunque, evidentemente, es una información que debe completarse con más datos para poder hablar de glaciares y temperaturas frías.

La información paleontológica también abre caminos que nos pueden ayudar a conocer qué temperaturas había en registros sedimentarios antiguos, como es el caso de las plantas fósiles que encontramos en el registro sedimentario. Sin embargo, hay que andar con cautela, porque debemos buscar plantas fósiles que tengan representantes actuales que nos permitan saber en qué condiciones viven hoy y, de este modo, poder comparar con el ejemplar fósil. Un ejemplo claro serían las palmeras, que sabemos que soportan mal las bajas temperaturas. Así, si encontramos una palmera fósil en un registro sedimentario de edad Cretácico Inferior localizado en una latitud alta, por ejemplo, al norte de Noruega, podemos deducir que, para esa edad, la temperatura media global era superior a la actual, pues en la actualidad no crecen palmeras en Noruega. Evidentemente, con una palmera no hacemos nada y, como nos sucedía con los *dropstones*, hay que buscar más datos para determinar paleotemperaturas. En esa búsqueda podríamos fijarnos en algunos fósiles marinos y nuevamente buscar aquellos que tengan una representación actual. Así, uno de los mejores indicadores son los arrecifes de coral, que en la actualidad están confinados a latitudes tropicales y, por ello, a zonas templadas. Nuevamente hay que trabajar con expertos para diferenciar aquellas excepciones de corales que se han adaptado a las aguas frías.

Desde un punto de vista litológico, también hay rocas que a simple vista permiten hacernos una idea de las temperaturas ambientales a las que se originaron. Las calizas de origen marino, por ejemplo, indican una deposición en mares localizados en latitudes bajas y en climas cálidos, mientras que los depósitos de sales, como el yeso, indican alta evaporación y climas cálidos.

Al final nos damos cuenta de que es necesario recoger muchos datos de campo para tener pruebas suficientes que nos detecten un cambio climático severo que justifique por sí solo la crisis del límite P-T. Esta tarea es compleja, porque en un mismo afloramiento, es decir, donde aparecen en el campo las rocas que estudiamos, es prácticamente imposible obtener toda la información que hemos comentado. Además, la búsqueda de esta información se complica por el mero hecho de que estamos trabajando en el registro paleontológico de una crisis, en unos estratos donde precisamente no ha quedado registro fósil o este es mínimo. Esta limitación, sin embargo, queda solventada en gran medida cuando utilizamos relaciones entre los isótopos ^{18}O y ^{16}O del oxígeno. Esta relación se basa en las demostraciones que llevó a cabo Harold Urey a mediados del siglo pasado. Este científico norteamericano, ganador del Premio Nobel de Química en 1934 por sus investigaciones en este campo, demostró que la relación entre esos isótopos del oxígeno (escrita $^{18}O/^{16}O$) variaba con la temperatura. Ambos isótopos, aunque tienen una misma estructura electrónica, poseen, sin embargo, una masa diferente. Cuando las temperaturas son elevadas, la evaporación en el mar retira más cantidad de ^{16}O, por ser más ligero, y menos de ^{18}O. Esa evaporación pasa a formar parte de nubes que pueden precipitar en forma de lluvia fuera del mar, en los continentes. La precipitación en estas zonas será, por tanto, de agua empobrecida en ^{18}O. Estas aguas regresarán por escorrentía al mar, tendiendo nuevamente a equilibrar la relación entre los isótopos ligero y pesado.

Durante las etapas frías, sin embargo, la situación es diferente, porque el agua que precipita en los continentes lo hace en forma de nieve y queda retenida en los glaciares. Como resultado de ello, el ^{16}O no regresa al mar y el ^{18}O experimenta un incremento relativo en el océano, con lo que la relación $^{18}O/^{16}O$ se hace más positiva en esas etapas frías y, por el contrario, experimenta una tendencia negativa en etapas cálidas, como sucedió durante el aumento generalizado de las temperaturas en la transición del límite P-T (figura 7B), que veremos más adelante.

Estos análisis pueden hacerse sobre muestras de las calizas originadas en el mar, pero también directamente con muestras obtenidas de conchas de algunos fósiles marinos, pues el desarrollo de esas conchas se realiza en equilibrio isotópico con el agua del mar, donde se formaron las calizas.

Estudios detallados en esta línea de investigación han permitido precisar temperaturas en función de esa relación y compararlas con valores actuales, de manera que podemos hablar de grados centígrados y tendencias de temperaturas cuando hacemos estudios de detalle en este tipo de conchas, como los que realizó a finales de la década de 1980 para el límite P-T el científico William T. Holder, del Departamento de Geología de la Universidad de Oregón.

Al final, como aparece en la figura 2, diferentes autores han ido encajando los datos isotópicos junto a otros comentados anteriormente con la idea de obtener una tendencia media en el clima global de los últimos 540 Ma. Cuando observamos la temperatura en el límite P-T y su tendencia a comienzos del Triásico, nos percatamos de que se trata de la más elevada durante todo este tiempo y, desde luego, nada hace pensar ni evidenciar una etapa de abundante hielo, más bien todo lo contrario, como veremos más adelante.

¿Cuál fue entonces la causa de la crisis?

Hemos comentado los efectos que podría causar la anoxia, los cambios en el nivel del mar, la temperatura y otros factores más que podríamos añadir a la lista, pero ¿qué causó entonces la crisis del límite P-T? Está claro que estos factores, que fueron estudiados en gran medida a finales del siglo XX, contribuyeron a la crisis, pero no pueden justificar por sí solos los cambios fisicoquímicos que se desarrollaron en el planeta ni el gran impacto que estos produjeron sobre la vida. Necesitábamos más y la respuesta no se hizo esperar.

Las dataciones radiométricas que mencionamos anteriormente y que tantas satisfacciones estaban dando para precisar los límites entre pisos también habían sorprendido a la comunidad científica proporcionando la edad de las inmensas acumulaciones de basaltos relacionadas con las erupciones volcánicas en la región de Noril'sk, en Siberia. La primera datación de estos basaltos, realizada en 1992 mediante un proyecto de colaboración ruso-norteamericano, dio una edad de 248 Ma. En 1995, Vincent Courtillot, geólogo francés con una dilatada trayectoria en las universidades norteamericanas, publicó el libro *Evolutionary Catastrophes*, donde demostraba una clara relación entre los grandes eventos eruptivos en la historia de la Tierra y las extinciones masivas. Courtillot abrió una puerta nueva a los geoquímicos dedicados a la datación de rocas, vulcanismo y extinciones masivas. El Gobierno francés lo nombró Caballero de la Legión de Honor en 1998.

No pasaba desapercibido que la edad de los basaltos de Noril'sk estaba muy próxima a la del límite P-T que señalamos anteriormente. Esto animó a diferentes grupos internacionales a precisar más los análisis radiométricos de los basaltos siberianos. En menos de cinco años se habían refinado las edades hasta llegar a la edad de 251,1 Ma proporcionada por el grupo de Sandra Kumo, del Royal Ontario Museum, en Canadá, y el dato más reciente, 252,6 Ma, obtenido por el grupo de Roland Mundill, del Centro de Geocronología de Berkeley, California. Evidentemente, siempre habría mínimas diferencias en función del laboratorio en el que se realizasen los análisis, pero el ajuste de estas edades marcó una clara unanimidad científica: los basaltos siberianos estaban detrás de la crisis del límite P-T y para entender esta crisis había que entrar de lleno en el estudio de ese vulcanismo, y desde un enfoque multidisciplinar. Por fin se había encontrado una causa que relacionaba a todas y que justificaba los efectos destructivos de dicha crisis.

CAPÍTULO 4

Los basaltos siberianos o *Siberian traps*

Si los basaltos acumulados en Siberia durante el límite P-T resultaron ser el detonante de la alteración fisicoquímica global y la extinción masiva relacionada con dicho límite, las primeras preguntas que ahora nos hacemos es qué son y cómo se originaron esos basaltos, y qué características encerraban para producir semejante alteración en el planeta.

¿Cómo aparecieron estos basaltos?

Para entender el origen, necesitamos algunas de las ideas del capítulo 3 sobre los procesos que llevaron al desarrollo de Pangea y el tiempo necesario para que estos progresaran. Con frecuencia nos sorprende el control del tiempo sobre los procesos geológicos; hablamos de millones de años como si se tratase de días o semanas de un calendario. Estas cifras, sin embargo, también nos sorprenden cuando pensamos en los cientos de miles o millones de años que tarda en desarrollarse un proceso geológico, como un sistema fluvial o un cordón de dunas en la costa, y lo casi inmediato que resulta interrumpirlo con una presa o un puerto deportivo.

La formación de Pangea fue indirectamente la responsable de la llegada del vulcanismo de los basaltos siberianos a la superficie. Como mostramos en la figura 3A, Pangea se formó mediante el choque entre los continentes de Gondwana y Laurasia tras un acercamiento que duró unas decenas de millones de años. El choque físico comenzó un poco antes del periodo Pérmico, unos 50 o 55 Ma antes del límite P-T. Este choque produjo una enorme cadena montañosa conocida como la cordillera central de Pangea. Los restos de esta cordillera pueden apreciarse actualmente en la cordillera Allegheny, en Estados Unidos, o los montes de Toledo, en España. Este choque también llevó su tiempo, y las últimas áreas en colisionar lo hicieron a comienzos del Pérmico afectando a lo que hoy es el este de Siberia y Kazakstán, formando los montes Urales. Cuando terminó el proceso de colisión, Pangea mostraba una enorme costura elevada y una disposición arqueada, como un riñón, en cuya parte interior estaba cobijado el mar de Tethys, un mar que hacia el este tenía la salida semicerrada por una serie de bloques continentales que en la actualidad forman diferentes países de Asia (figura 3B).

La configuración de Pangea generó una gran inestabilidad. Podemos imaginar que, al chocarse dos grandes continentes como Gondwana y Laurasia, la corteza oceánica que se ubicaba entre ellos tuvo que buscarse un nuevo espacio (figura 3A) y, como no lo había y tenía mayor densidad que los continentes que empujaban, terminó introduciéndose, o subduciendo, bajo aquellos. Mientras, los continentes, con una corteza de igual densidad, chocaron entre sí, deformándose y constituyendo las cadenas montañosas antes citadas.

La historia del material subducido bajo un continente, mostrada en el capítulo 3 y la figura 5, sabemos cómo termina: este material llega hasta la zona de transición núcleo-manto, alcanza elevadas temperaturas y vuelve a ascender en lo que se conoce como plumas mantélicas. Estas plumas son el producto de la inestabilidad generada en la litosfera cuando hay subducción a gran escala, y el ciclo se cierra con el magma, que termina llegando a la superficie. Pueden ser ascensiones de tamaño medio, como la que constituye el Grupo Choiyoi, en los Andes argentinos, que también sucedió en la transición entre los periodos Pérmico y Triásico, y que pudo tener una actividad en torno a los 15 Ma de duración (figura 8), pero pueden alcanzar grandes tamaños y llegar a la superficie afectando a extensas provincias, como las grandes provincias ígneas que mencionamos anteriormente.

FIGURA 8

El Grupo Choiyoi, en los Andes argentinos, es un ejemplo de acumulaciones inmensas de coladas volcánicas relacionadas con el ascenso de superplumas del manto terrestre en la transición entre los periodos Pérmico y Triásico. Las acumulaciones volcánicas producidas en Siberia durante esta misma transición, conocidas como *Siberian traps*, fueron mucho mayores que las argentinas, y las responsables de las alteraciones en la atmósfera y ecosistemas marinos y terrestres que derivaron en la mayor extinción masiva conocida en la historia de nuestro planeta.

FUENTE: ELABORACIÓN PROPIA.

Por simplificarlo, Pangea es un gran tapón que impide que salga a la superficie el calor que se ha generado en su interior; es decir, se trata de un continente tan grande que acumula mucha temperatura debajo y provoca inestabilidad. En estas condiciones, el continente empieza su fracturación; no está claro si el calor provoca la fracturación o si esta hace que salga el calor en forma de magma, pero el resultado es el mismo, que el magma llega a la superficie. Ya vimos que al final del Capitaniense, en el Pérmico medio, sucedió un caso parecido con la llegada de un intenso vulcanismo en la provincia de Emeishan, que ya podría estar indicando que el gran continente Pangea empezaba su camino hacia el final, hacia su ruptura y disgregación. Pero el vulcanismo siguiente al de Emeishan, y el más grande en la historia de la Tierra, fue el que generaron los basaltos siberianos (figura 3B, indicado con la letra S) y que veremos a continuación.

Dimensiones de las coladas

Cualquier persona puede imaginar un volcán en erupción o lo ha visto en los medios informativos, incluso lo ha podido observar en plena actividad si ha tenido suerte. Los campos de lava que se producen pueden tener extensiones de decenas de kilómetros. Se trata de superficies en las que pocos obstáculos se respetan al paso de los flujos calientes de magma. Además de las pérdidas materiales que pueden ocasionar, lo que más impresiona es el impacto que producen sobre la vida a su paso, en bosques, animales y, especialmente, en posibles pérdidas humanas. También nos alarma cuando evacúan las zonas próximas a la erupción debido a la alta contaminación del aire, evacuaciones que pueden prolongarse durante semanas o meses. Una erupción reciente con estas características fue la que sucedió en 2021 en el volcán de Tajogaite, en una zona relativamente poblada de la isla de La Palma. Pero otros casos son de mucha mayor virulencia, como el ejemplo anteriormente citado del volcán monte Santa Helena, en el estado de Washington, que redujo su altura en 400 m tras la erupción en 1980 y sumó 57 fallecidos, representando la erupción que más pérdidas económicas ha ocasionado en la historia de Estados Unidos.

Podríamos seguir enumerando ejemplos de mayor o menor intensidad que los anteriores, pero ninguno de los que el ser humano haya sido testigo puede compararse en intensidad con cualquiera de los ejemplos de vulcanismo relacionados con otras etapas previas de la Tierra que Vincent Courtillot describió y asoció con extinciones masivas. Los ejemplos de este autor representan otra escala de vulcanismo, normalmente relacionada con una fuerte actividad tectónica y una inmensa liberación de energía. Las erupciones que provocan estos volcanes son conocidas como supererupciones. De este tipo de vulcanismos destacamos, con diferencia, el de los basaltos siberianos.

Como ya comentamos, este vulcanismo comenzó hace unos 252,6 Ma en un área situada en lo que hoy es el noreste de Siberia. Para hacernos una idea de su dimensión y poder estimar sus efectos, tenemos que empezar diciendo que se trata de una acumulación de basaltos que ocupó una superficie aproximada de 7 millones de km^2; es decir, corresponde a un área equivalente a la de Estados Unidos, algo realmente impensable cuando tenemos la escala de los vulcanismos de los últimos siglos. En la actualidad, sin embargo, es casi imposible reconocer la superficie original que ocuparon estos basaltos, pues el proceso de erosión que han sufrido desde que se acumularon ha sido inmenso.

Como sucede con la mayoría de los procesos volcánicos que se prolongan en el tiempo, la salida al exterior de los magmas se produce en etapas diferentes, pues son procesos sucesivos de expulsión y recarga de la cámara magmática separados por etapas de menor actividad. En los supervolcanes, las erupciones importantes pueden producirse cada 100 000 o 200 000 años y mantenerse a ese ritmo durante unos pocos millones de años. Una erupción de este tipo podría ser como la del año 1991 en el volcán Pinatubo, en Filipinas, donde se emitieron unos 3 km^3 de magma en algo más de tres horas. Cuando se enfrían y consolidan, estos depósitos muestran un apilamiento en el que pueden diferenciarse una sobre otra las distintas etapas de la evolución del complejo volcánico. Esta disposición puede mostrar una forma escalonada, como la famosa Calzada de los Gigantes en Irlanda, resultado del enfriamiento de una colada volcánica de hace aproximadamente

55 Ma. Basado en esta peculiar morfología, a los basaltos siberianos se los conoce también como *Siberian traps*, siendo *trap* una palabra del sueco antiguo que significa 'escalera'.

Las dataciones de las etapas iniciales, medias y últimas de los basaltos siberianos permiten estimar que toda esta ingente acumulación se llevó a cabo en algo menos de 1 Ma, aunque hay también dataciones que apuntan solo a 600 000 años. Es importante destacar que los basaltos no fueron saliendo desde una zona en particular ni al mismo tiempo, sino que fueron cuatro las provincias desde donde se fueron emitiendo. Este dato es muy significativo y nos llama la atención nuevamente, pues la acumulación de basaltos tiene un espesor muy irregular en función de la provincia donde se observen. Así, aunque la provincia de Noril'sk es la más estudiada, se ha visto que en la de MaymechaKotuy el espesor alcanzado por los basaltos supera los 6,5 km. Los datos proporcionados de los espesores de cada provincia han permitido calcular que estamos ante un volumen total de material volcánico superior a 4×10^6 km^3, equivalente a dos veces el mar Mediterráneo lleno de basaltos en lugar de agua. Nuevamente, como comparación, hay que recordar que la erupción en 1815 del volcán Tambora, posiblemente la más importante del último milenio, acumuló 30 km^3 de magma.

Solo cuando comparamos los enormes datos de volumen y tamaño que arrojan los *Siberian traps* con los de aquellos vulcanismos que el ser humano ha conocido, nos damos cuenta de hasta dónde pudieron alcanzar los daños que aquellos debieron de producir en el planeta. De hecho, las estimaciones de compuestos químicos emitidos desde los volcanes siberianos a los océanos, continentes y la atmósfera nos ayudarán a entenderlo.

Composición de los basaltos y gases emitidos. El veneno

Cuando se menciona la composición del material que se expulsa por los volcanes es importante resaltar que parte de ese material expulsado se ha incorporado durante el proceso de subida del magma hacia el exterior; es decir, el magma se enriquece de otros materiales que encuentra a su paso durante el ascenso. Cuando los basaltos llegan a la superficie y se enfrían, esos materiales que se han incorporado por el camino aparecen como rocas diferentes, o xenolitos, incorporadas entre el resto del magma. Stephan V. Soboleva, del Instituto de Investigación para la Sostenibilidad, Centro Helmholtz de Potsdam, Alemania, y sus colaboradores, sugieren que los xenolitos de los *Siberian traps* proceden de un manto primitivo que tenía hasta un 20% de fragmentos de corteza oceánica que se había subducido previamente. Este dato es clave, pues este material reciclado elimina muchos gases cuando se calienta y hace que el magma se haga rico en volátiles.

Estos gases se concentran en la parte más alta de la pluma mantélica cuando esta está ascendiendo. La pluma siberiana empezaría a hacerse más líquida según fuese llegando a la superficie, generando abundante magma y expulsando los gases que la acompañaban. Según este último autor, fue precisamente esta concentración extra de gases acumulada la que pudo generar una gran explosión inicial y un mayor poder devastador. Incluso, cualquier añadido de agua cuando el magma está cerca de la superficie puede ayudar a aumentar la virulencia de la explosión, ya que el agua se transforma rápidamente en vapor en contacto con el magma caliente. Cuando se menciona la composición del material que se expulsa por los volcanes, Soboleva y colaboradores estimaron que la liberación de CO_2 durante la salida de los basaltos siberianos llegó a alcanzar 170 000 Gt y la de ácido clorídrico (HCl) pudo ser de 7000 Gt.

El ascenso de los basaltos siberianos siguió arrastrando y enriqueciéndose de material ajeno hasta su llegada a la superficie. Así, en su tramo final de ascenso, atravesó cientos de metros de capas con carbón y sales, estas últimas constituidas principalmente por yesos y anhidritas que habían sido acumuladas durante el Cámbrico, unos 250 Ma antes. Este hecho es muy particular de los *Siberian traps*, y nuevamente le confiere unas características especiales a esta erupción, ya que las altas temperaturas del magma alteraron las rocas de esas capas liberando inmensas cantidades de flúor, azufre, cloro, bromo, nitrógeno y carbono, elementos básicos en la composición de esas rocas. Estos elementos también se liberaron mediante los miles de conductos pequeños de salida que rodeaban al frente de magma y se combinaron rápidamente con el agua y oxígeno de la atmósfera produciendo altas concentraciones de nuevos compuestos. Así, en la provincia de Tunguska, Henrik Svensen y colaboradores, de la Universidad de Oslo, estimaron que los basaltos siberianos liberaron entre 4500-15 500 Gt de compuestos con cloro, destacando el cloruro de metilo (CH_3Cl), otras 2-5 Gt con bromo, como el bromuro de metilo (CH_3Br) y una elevada cantidad de CO_2 que pudo alcanzar 102 000 Gt, compuestos que, como veremos en el siguiente capítulo, causaron una importante alteración en la composición de la atmósfera.

La acumulación de gases de alta toxicidad en la atmósfera se complicó todavía más con la incorporación del metano (CH_4). Se trata de un gas natural que, como vimos en el capítulo 2, resulta de la descomposición de la materia orgánica por la actividad de organismos metanógenos. El metano se puede acumular en bolsas que se desarrollan enterradas en la plataforma marina, donde previamente se acumuló la materia orgánica que terminaría descomponiéndose. Estas bolsas pueden ir creciendo según aumenta el contenido de este gas hasta llegar a constituir abombamientos de grandes dimensiones. En algunas plataformas, como en la costa noroeste de España, estas bolsas llegan a explotarse como un recurso energético.

Pero el metano también se acumula en el hielo y el permafrost, o capa de suelo congelada permanentemente, formando hidratos de gas. En esta estructura, también llamada clatrato, el metano queda retenido con las moléculas de hielo. Pero se trata de una situación frágil, pues un aumento de la temperatura puede romper esa estructura molecular y liberar el metano, un gas que, como veremos, tiene un efecto invernadero muy potente. Esta liberación de metano la estamos experimentando actualmente en algunas zonas del Ártico debido al aumento de temperatura ligado al cambio climático. Para hacernos una idea, se estima que actualmente se liberan 17 millones de toneladas anuales de este gas desde el permafrost ártico, donde se calcula que hay atrapadas unas 1400 Gt. Por otro lado, cabe señalar que aproximadamente la mitad del metano liberado en la Tierra proviene de la suma de las actividades de la ganadería y la agricultura, así como de aquellas relacionadas con el gas natural y el petróleo. Un dato importante sobre el metano que ya hemos explicado, pero que conviene recordar, es que este gas, cuando se libera, se combina fácilmente con el oxígeno de la atmósfera, generando dióxido de carbono y agua:

$$CH_4 + 2O_2 \rightarrow CO_2 + 2H_2O$$

Svensen estima que parte de las 102 000 Gt de CO_2 que se liberaron en los *Siberian traps* provenían de la destrucción de los clatratos, que rompieron su estructura debido al aumento de la temperatura asociada a la llegada a la superficie de los basaltos.

En este capítulo hemos visto que la subida de inmensas cantidades de material volcánico representado por los *Siberian traps*, y su prolongada actividad, generó un grandísimo volumen de gases tóxicos que se fueron retroalimentando durante su contacto con otras rocas, el agua y la atmósfera. En estas condiciones, la atmósfera y las aguas representaban un auténtico "caldo de cultivo" desde el cual empezaría el enrarecimiento encadenado de los ecosistemas que daría pie a un planeta inhabitable.

CAPÍTULO 5

Comienza el ciclo destructivo

La llegada de los basaltos siberianos a la superficie del planeta vino acompañada de una serie de compuestos que rápidamente empezarían a alterar la composición de la atmósfera, la dinámica del continente Pangea y del gran océano Pantalasa. Los cambios abarcaron un amplio espectro fisicoquímico y se produjeron de forma encadenada, pues frecuentemente unos cambios conducían a otros. La retroalimentación de los efectos producidos por estos cambios fue también una característica de este vulcanismo, produciendo una respuesta exponencial en los daños ocasionados. Muchos cambios se realizaron de forma casi inmediata, pues en la atmósfera se iban produciendo reacciones químicas según llegaban los gases o se liberaban desde los basaltos, pero, además, la atmósfera es también un medio idóneo para transportar los gases hasta zonas distantes del continente y océano en otros puntos del planeta. Otros cambios, sin embargo, necesitaron más tiempo para producirse. En definitiva, se trató de un ciclo destructivo muy eficiente que apenas dio tregua al planeta para comenzar a recuperarse. Para ir explicando todos estos procesos encadenados en los siguientes apartados nos apoyaremos en la figura 9.

Los primeros procesos destructivos: el CO_2

La primera manifestación que sufrió la zona de Siberia antes de la salida de los basaltos fue el abombamiento del terreno. Los magmas que estaban llegando a la superficie pudieron alcanzar temperaturas en torno a los 1600 °C, haciendo que la cota media del terreno llegase a ascender 250 m. Hasta aquí todo quedaba en efectos de tipo local, es decir, en Siberia, pero la llegada de los magmas a la superficie y la liberación de los primeros millones de toneladas de CO_2 a la atmósfera trajeron consigo las primeras consecuencias de tipo global. Se trata de un gas que aparece en la atmósfera de forma natural y, dentro de un rango de concentración, es necesario para la forma de vida que conocemos, pues es la principal fuente de carbono en nuestro planeta y su efecto invernadero también nos protege de potenciales bajísimas temperaturas.

Como vimos en el primer capítulo, existe un equilibrio en la atmósfera entre O_2 y CO_2 debido, en gran parte, a la regulación que realizan las plantas, algas y cianobacterias aprovechando la luz y realizando la fotosíntesis, reacción en la que se libera O_2 a cambio del CO_2 captado de la atmósfera, y en la que se generan carbohidratos, es decir, alimento para esos organismos. Un efecto contrario es el que se produce en Marte, un planeta con un porcentaje de CO_2 que representa el 95% de su atmósfera, pero esta es tan tenue que apenas es capaz de producir efecto invernadero, siendo por tanto una atmósfera que apenas retiene calor.

Los cálculos de la llegada y acumulación de CO_2 en etapas del pasado no son sencillos de realizar. Una vez más, para completar la información de la acumulación de este gas hay que considerar los fenómenos de retroalimentación, es decir, cuando un aumento en el contenido de CO_2 nos abre un nuevo proceso que nos conduce a la generación de más cantidad del mismo gas. Uno de los ejemplos más claros lo abordamos parcialmente en el capítulo anterior: la emisión de CO_2 desde los *Siberian traps* genera lluvia ácida y destruye la vegetación, por lo que la función fotosintética se reduce, es decir, que hay más contenido de CO_2 que no se retira de la atmósfera, contribuyendo, por tanto, a su mayor concentración y aumento del efecto invernadero (figura 9). Pero también, como acabamos de ver, esta acumulación de plantas muertas libera metano, que a su vez retroalimenta en contenido de CO_2.

FIGURA 9

'El ciclo de destrucción' que condujo hasta la extinción masiva de la transición entre los periodos Pérmico y Triásico, la mayor de las extinciones conocidas. Todo empezó con la contaminación a gran escala ligada a los vulcanismos masivos de los *Siberian traps*. Se trata de un ciclo que se retroalimenta, de manera que los daños producidos abren la puerta a otros nuevos de forma colateral. Así, después de unas decenas de miles de años, la destrucción es casi total, afectando a los ecosistemas marinos y terrestres. Los ecosistemas empezaron a recuperarse pasado este tiempo de crisis, pero el vulcanismo volvió a activarse nuevamente, y así hasta cuatro veces, o quizá más, de modo que no hubo una tregua sin vulcanismo lo suficientemente larga para que la fauna y la flora comenzasen a recuperarse definitivamente, algo que terminó por llegar pasados unos 8 Ma. Los asteriscos que aparecen en la figura 7B muestran estos nuevos pulsos del vulcanismo siberiano. Esta figura se complementa con la figura 10.

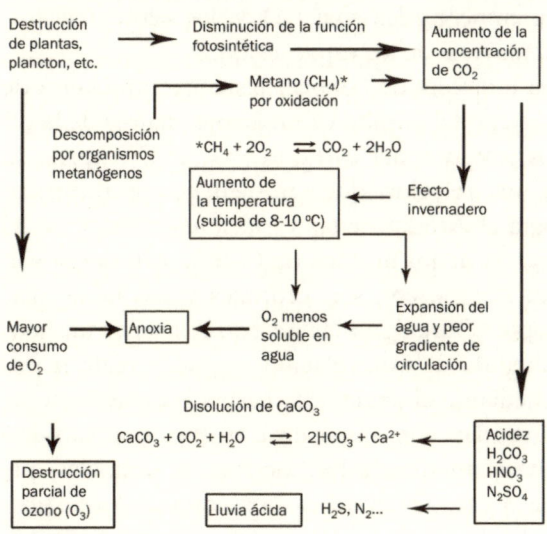

FUENTE: ELABORACIÓN PROPIA.

En este punto del texto, el dato que ahora interesa es la concentración de CO_2 que hubo durante la crisis del límite P-T. Este dato varía según los especialistas que lo han estudiado, las técnicas utilizadas y los procesos de retroalimentación específicos ligados a las diferentes latitudes donde se haya realizado el estudio, por lo que aquí nos ajustamos a algunos valores que están dentro de los rangos más aceptados por dichos especialistas. Así, Stuart Sutherland, de la Universidad de Columbia Británica, considera que una cifra en torno a 3500 ppm sería una buena aproximación, mientras que Gregory Retallack, de la Universidad de Oregón, uno de los principales especialistas en desarrollo de suelos del periodo Triásico a escala mundial, basándose en estudios de paleosuelos en la cuenca del Karoo, en Suráfrica, ha estimado un valor de 2518 ± 553 ppm. Para tener una idea más completa de lo que supone este incremento, es importante mostrar los valores de la concentración de CO_2 desde los que se parte, es decir, justo antes de la crisis del límite P-T. En estos datos hay menos diferencias entre los autores, y el rango de 412 a 919 ppm para el final del Pérmico propuesto recientemente por Michael M. Joachimski, de la Universidad de Erlangen-Núremberg, Alemania, incluye los valores más respaldados por la mayoría de los especialistas.

Una forma indirecta de conocer las concentraciones de CO_2 en la atmósfera del pasado es mediante análisis de la relación entre los isótopos del carbono ^{13}C y ^{12}C, expresado como $^{13}C/^{12}C$, una relación que también hemos mostrado previamente para el estudio de las variaciones climáticas del pasado. La mayoría de los átomos de C en la naturaleza son del tipo ^{12}C, un isótopo con seis protones y seis neutrones, aunque el isótopo ^{13}C es algo más pesado por tener un neutrón más. La medida de esta relación se puede realizar por dos caminos: mediante el análisis de carbono procedente de las rocas carbonatadas, como las calizas, y que es un carbono que proviene básicamente de las conchas de animales que constituyen esas rocas, o bien del carbono orgánico, que procede de tejidos de plantas y animales retenidos en el sedimento cuando este se estaba acumulando.

Los análisis de la relación $^{13}C/^{12}C$ dan valores diferentes según utilicemos el carbono de una caliza o de restos orgánicos, por lo que tenemos que elegir un camino u otro, y nunca mezclar datos de las dos técnicas. Cuando se trata de una caliza, la relación $^{13}C/^{12}C$ nos dará un valor cercano al del carbono disuelto en el agua en la que se formó la roca, mientras que los resultados de esa misma relación analizados en materia orgánica van a mostrar datos más bajos (ligeros), debido a que las plantas tienden a coger el ^{12}C durante su ciclo vital, por lo que la muestra de materia orgánica analizada también tendrá un valor más alto de ^{12}C y, por tanto, la relación $^{13}C/^{12}C$ mostrará un valor más bajo. Esto es fácil de entender para la crisis del límite P-T, pues al haber una alta destrucción de vegetación, que es la que retira ^{12}C de forma preferente, el isótopo ^{12}C no sería eliminado y alcanzaría una mayor concentración en la atmósfera, haciendo que la relación $^{13}C/^{12}C$ fuese más negativa (figura 7B). Otros autores atribuyen la tendencia negativa de esta relación al elevado contenido de ^{12}C procedente de las propias emisiones de los *Siberian traps*. Sea cual sea la causa, se trata de uno de los ejemplos más claros de retroalimentación dentro del ciclo del CO_2 (figura 9).

Una vez que obtenemos los valores de la relación $^{13}C/^{12}C$, podemos deducir qué significan mediante la comparación con otros valores de la misma relación obtenidos de registros sedimentarios más recientes y mejor conocidos. Así, mediante esta comparación, podemos deducir la concentración y las tendencias de CO_2 que hubo en la atmósfera de etapas pasadas, incluida la de la transición del límite P-T que aquí abordamos.

· También se puede obtener una aproximación a los valores de concentración de CO_2 mediante el registro fósil; por ejemplo, mediante la comparación del tamaño de estomas de plantas fósiles con los de plantas actuales. Los estomas son estructuras de la parte aérea de las plantas que se encargan del intercambio gaseoso con el exterior. Cuando hay abundante CO_2 en la atmósfera, los estomas son más reducidos, mientras que, en el caso contrario, aumentan su tamaño para poder captar con más facilidad el CO_2 que necesitan para vivir. Al conocer el tamaño de los estomas de plantas actuales y saber el contenido en ppm de CO_2 que tenemos hoy en la atmósfera, podemos realizar equivalencias para calcular el contenido de ese gas en otras etapas pasadas según el tamaño de aquellos del registro fósil de plantas equivalentes.

En definitiva, la variación global de la concentración en ppm del carbono durante la transición P-T la obtenemos mediante diversas fuentes, básicamente geoquímicas y paleontológicas. En las dos últimas décadas, se han publicado muchos resultados relacionados con el contenido de carbono a lo largo del límite P-T y, de forma general, sus autores están de acuerdo en que la importante desviación hacia valores negativos de la relación $^{13}C/^{12}C$ (figura 7B) procedía de un aporte ingente de CO_2 a la atmósfera y a los efectos encadenados que este producía. Como veremos a continuación, la acumulación de este gas en la atmósfera es uno de los argumentos más importantes, y el hilo conductor, para entender la crisis del límite P-T.

Llegada de CO_2 y cambio de la temperatura media global

Ya hemos visto que el CO_2 es un gas que produce efecto invernadero y también la concentración estimada de este gas en la atmósfera. Paul B. Wignall considera que esta acumulación pudo realizarse en unos 20 000 años. Geológicamente hablando, este tiempo de acumulación es muy reducido. Solo cuando comparamos este aumento de CO_2 y el tiempo que representó dicha acumulación con lo sucedido en otras crisis conocidas del registro geológico, nos damos cuenta de que estamos ante algo desconocido por la magnitud que representa. Hablar de 20 000 años nos puede parecer mucho tiempo si lo comparamos con nuestra historia, pero este dato también nos llama la atención, y nos debe preocupar, cuando conocemos que el contenido actual de CO_2 se ha incrementado un 45% en nuestra atmósfera en solo 150 años.

No nos sorprende, por tanto, que el aumento de la temperatura media global fuese la respuesta más inmediata del elevado incremento de CO_2 en la atmósfera tras el comienzo de las erupciones de los *Siberian traps*. Para precisar de qué cifras de incremento de CO_2 hablamos, recurrimos a las relaciones isotópicas. Como explicamos en el capítulo 3, la relación isotópica $^{18}O/^{16}O$ nos permite acercarnos con bastante precisión a los cambios de temperatura, y en este caso para los cambios en el límite P-T, y, como también explicamos entonces, este aumento de la temperatura media viene reflejado por una desviación brusca hacia valores negativos de dicha relación (figura 7B).

Estos valores los podemos comparar con otros más recientes, y mejor conocidos, y así hacer su transformación en grados centígrados. De este modo, en la figura 2 se muestra que la temperatura alcanzada para este límite es la más alta de todo el Fanerozoico. Dependiendo de los autores y de las etapas más o menos activas de la inyección de CO_2 desde los basaltos siberianos, se estima que la temperatura media global llegó a subir entre 6 y 10 °C. Como resultado más inmediato, Michael Joachinski, de la Universidad de Erlangen, Alemania, considera que la temperatura media en la superficie de los mares ecuatoriales pudo subir 7 °C, hasta alcanzar los 32 °C.

Los efectos del CO_2 sobre el continente Pangea no eran mucho mejores. Elke Schneeli-Hermann, de la Universidad de Zúrich, considera que la temperatura media en el planeta estaría en torno a los 22 °C, dato que impresiona si tenemos en cuenta que en la actualidad es de unos 13,9 °C. Estos valores, unidos a los de la alta evaporación en las costas, contribuirían a la formación de fuertes precipitaciones y ciclones en las zonas próximas al litoral. Los ciclones, a su vez, ayudarían a liberar parte del calor contenido en el agua del mar, que ya tenía una temperatura elevada, pudiendo transportarla hasta zonas de latitudes altas. Como resultado, las temperaturas subirían también en las zonas polares, provocando un deterioro en los bosques que se habían mantenido en esas zonas al refugio de las elevadas temperaturas dominantes que se habían instalado en latitudes más bajas. Por su parte, David Kidder, de la Universidad de Ohio, considera que el nivel del mar podría haber subido otros 5 m más debido, precisamente, a la llegada al océano de las aguas que no eran retenidas por dichos bosques. Con toda esta secuencia de alteración en el clima, el gradiente térmico entre el polo y el ecuador se debilitaría hasta 4 °C de media, resultando en un menor contraste térmico entre las altas y bajas latitudes, al tiempo que los climas secos se extenderían ganando cada vez más terreno en las latitudes medias. Un panorama complicado para la vida.

Estos cambios de temperatura en superficie, además de la reducción de contraste térmico entre el polo y el ecuador, tienen su respuesta en la atmósfera y, en particular, en las tres células atmosféricas que la regulan. Así, Arne y Cornelia Winguth, de la Universidad de Texas, demostraron que en estos extremos de altas temperaturas en el océano y el continente, tanto la célula de Hadley, que controla la circulación atmosférica entre el ecuador y los trópicos (latitudes 0°-30°), como la célula polar, que lo hace en las latitudes más altas (latitudes 60°-90°), terminarían perdiendo capacidad y espacio de regulación, es decir, se debilitarían. La reducción de la célula de Hadley provoca la pérdida de fuerza de los vientos alisios, aspecto delicado, porque estos vientos son los que ayudan a la fertilización y la productividad de las zonas oceánicas ecuatoriales.

La extensión de las zonas áridas hacia las latitudes medias provocó la migración de los tetrápodos que habían sobrevivido a la extinción del límite P-T, desplazamiento que principalmente los llevó hacia latitudes más altas. De hecho, los restos fósiles de estos grupos de animales se encuentran básicamente en zonas que, a comienzos del Triásico, estaban situadas en esas latitudes, como es la cuenca del Karoo, en Suráfrica. También las plantas y la mayoría de los grupos marinos que lograron sobrevivir encontraron su refugio en las altas latitudes. Pero la rápida extensión de los desiertos tuvo más consecuencias, como indican los estudios de Gregory Retallack en los suelos fósiles del registro sedimentario del Karoo. Cuando se conservan bien, estos suelos muestran tres niveles u horizontes: A, Bk y c, desde la parte más superficial a la más profunda respectivamente. El horizonte Bk se sitúa aproximadamente entre los 20 y los 140 cm de profundidad, y suele conservar nódulos de carbonato de pocos centímetros que Gregory Retallack ha estudiado en múltiples ocasiones. El horizonte Bk tiene una clara relación con la precipitación de agua, de este modo, en zonas en las que llueve mucho este horizonte está más profundo, mientras que se desarrolla más cerca de la superficie en zonas con menos lluvia. Un estudio de estos horizontes completado con otros de relaciones isotópicas de oxígeno, que ya hemos visto que dan un buen resultado en el estudio de temperaturas del pasado, ha permitido a este investigador hacer estimaciones de precipitaciones anuales medias en gran parte del registro sedimentario triásico del planeta. Estos estudios han corroborado la idea de la progresiva expansión de los desiertos hacia latitudes más altas tras la actividad de los *Siberian traps*.

Un efecto ligado a la aridez y al estrés hídrico asociado es la proliferación de incendios. Desgraciadamente, en el verano de 2023 hemos vivido la virulencia de los incendios en Canadá y en varios países ribereños del Mediterráneo, unos incendios que están vinculados a las temperaturas récord que se han registrado en ambos, que han hecho de ese año el más caliente que conocemos desde que hay medidas.

Michael J. Benton señala que los fuegos ocasionales son importantes para mantener la biodiversidad a diferentes escalas ya que, entre otras cosas, previenen del dominio de una única especie. Sin embargo, cuando los fuegos son muy frecuentes, como debieron de ser con la intensa actividad de los *Siberian traps*, la biodiversidad puede reducirse drásticamente, ya que las especies más vulnerables terminan siendo eliminadas.

Un estudio reciente llevado a cabo en los Alpes italianos con artrópodos terrestres por Marco Moretti, del Instituto Federal de Investigación suizo, muestra que estos animales pueden recuperarse en torno a una década después de un incendio individual; sin embargo, este tiempo se puede duplicar tras la repetición de varios incendios. Por su parte, Christopher R. Fielding, de la Universidad de Nebraska-Lincoln, añade que los incendios tras la llegada de las coladas basálticas siberianas debieron de ser muy frecuentes y de larga duración. Junto a su grupo, Fielding encontró restos fósiles de materia orgánica en rocas del Triásico australiano, que mostraban los efectos de incendios persistentes. Esta situación ha sido descrita también en otros puntos geográficamente distantes, por lo que es fácil entender que tanto las elevadas temperaturas como la alta concentración de gases inflamables en la atmósfera, como el dióxido de carbono y el metano, facilitasen el comienzo, la propagación y la prolongación en el tiempo de los incendios.

Hemos visto como el rápido aumento de CO_2 en la atmósfera y la subida drástica de la temperatura pudieron ser la causa más directa que desencadenase una alteración fisicoquímica global en el límite P-T; sin embargo, como muestra la figura 10, hubo otros procesos involucrados en esa crisis.

La anoxia como efecto colateral

La intensa evaporación del agua en las costas junto al aumento general de la temperatura generaría una disminución del oxígeno en los océanos, ya que este elemento se hace menos soluble en el agua en esas condiciones (figura 9). También aumentaría la salinidad y el descenso en la llegada de nutrientes, regulado por las aguas frías; es decir, se generarían aguas profundas templadas y salinas (figura 10). Como la idea generalizada es que en los polos no quedaba hielo o que la posible presencia de casquetes de hielo a comienzos del Triásico era muy dudosa, la llegada de aguas frías al océano se iría reduciendo. En esas condiciones, la extensión de las aguas profundas templadas y salinas se iría acentuando y la temperatura oceánica tendería a homogenizarse, haciendo que las corrientes internas se debilitasen por no existir esa diferencia térmica y, con ello, las aguas se irían estancando, se produciría euxinia. Como se muestra en la figura 10, esta situación de estancamiento generó aguas con importante deficiencia de oxígeno, o anóxicas, pero también una subida del nivel del mar en torno a 20 m, ya que el aumento de temperatura del agua hace que esta sufra una expansión térmica (figura 9). Para dificultar más las cosas, la subida del nivel del mar arrastró sus aguas empobrecidas en oxígeno hasta las zonas costeras, produciendo el declive de grupos de fauna y flora que vivían en esa franja. En definitiva, cuanto más se eleva la temperatura del agua, más difícil es que esta retenga el oxígeno, llegando incluso a producirse situaciones de anoxia en el océano.

FIGURA 10

Reconstrucción de la destrucción interactiva en los ecosistemas continentales y marinos debida a los procesos encadenados de alteración que surgieron tras la actividad de los vulcanismos a gran escala producidos en los *Siberian traps*. Esta figura se complementa con la figura 9.

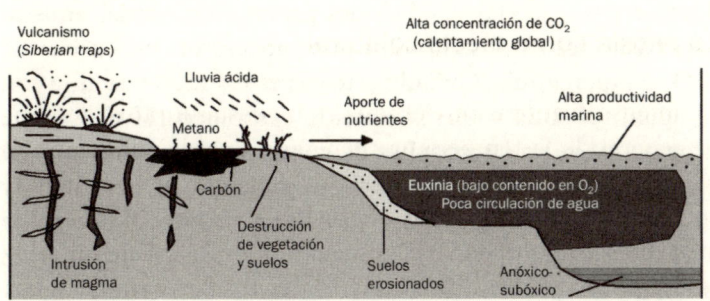

FUENTE: ADAPTACIÓN DE ALGEO *ET AL.* (2011).

Ya hemos comentado que Anthony Hallam había considerado la anoxia como un factor básico en las extinciones masivas en la historia de la Tierra. Aunque también hemos visto que otros autores no lo consideran el factor más importante, no cabe duda de que esta tuvo una gran influencia en las extinciones. En el caso de la anoxia relacionada con la crisis del límite P-T, este autor destaca la inmensa proliferación de minerales de piritas framboidales a escala mundial. Este mineral, tan atractivo para coleccionistas, se desarrolla en zonas con aguas estancadas, euxínicas, y con poco oxígeno o anóxicas. En estas condiciones también se generan arcillas oscuras (*black shales*), tono que adquieren por la falta de oxígeno.

Según estudios realizados en aguas del mar de Japón, parece que este proceso también sucedió en los fondos marinos de comienzos del Triásico. En esta situación, estas zonas serían inhóspitas para la fauna y la flora, no reunirían condiciones para el refugio de animales que huyesen de otros ambientes también extremos, algo distinto a lo que sucedió hacia finales del Mesozoico, cuando aparecieron nuevos grupos de peces, cangrejos o gasterópodos marinos que desplazaron hacia esas zonas de cobijo a otros grupos de animales que se vieron amenazados por los recién llegados.

También la acidez

Hemos visto que las condiciones provocadas por las emisiones basálticas de los *Siberian traps* generaron un exceso de CO_2 o hipercapnia. Cuando este gas es liberado y se une con el agua, se oxida y forma el ácido carbónico (H_2CO_3), que afecta a su vez a las conchas de composición carbonática de muchos invertebrados marinos, impidiendo su desarrollo y llegando a hacer inviable su vida. Por otro lado, el exceso de CO_2 en el agua lleva a la supresión del metabolismo en el animal y altera el equilibro ácido-base.

Pantalasa fue considerado "un baño oceánico ácido" por Ezat Heydari, de la Universidad Estatal de Jackson, en Estados Unidos, simplificando las condiciones que sus aguas debieron de suponer para las plantas y los animales. Estas condiciones de acidez quizá no fueron tan severas en el continente, pues parece que las plantas se adaptaron mejor al exceso de CO_2 y la disminución de O_2; sin embargo, se encontraron con otros enemigos que también iban asociados a la llegada de los *Siberian traps* y que estaban representados por elementos como cloro, flúor, bromo, nitrógeno y azufre. Como vimos anteriormente, la incorporación de estos elementos a la atmósfera estuvo relacionada con las capas de carbón y sales que atravesaron los basaltos de los *Siberian traps* en su salida al exterior.

El azufre liberado provocó daños directos en la fauna y la flora. Este elemento, al combinarse con el oxígeno y el agua de la atmósfera, genera, entre otros compuestos, ácido sulfúrico. Estas condiciones ácidas en la atmósfera generan precipitaciones ácidas, o lluvia ácida (figuras 9 y 10), que no solo altera la vida de las plantas en los continentes, sino que también afecta a la vida en zonas acuáticas al aumentar la acidez de sus aguas. Sus efectos pueden ser casi inmediatos, pero también pueden actuar a medio plazo, por ejemplo, eliminando las capas de nutrientes del suelo y dificultando, aún más, la supervivencia de los bosques.

De los otros elementos liberados debemos destacar la presencia de cloro, flerovio y bromo en la atmósfera, ya que son potentes destructores de la capa de ozono (O_3) (figura 9), esa delgada capa atmosférica que hace unos 700 Ma empezó a proteger a nuestro planeta de los rayos ultravioleta y que permitió el posterior desarrollo de la vida en los continentes. Para hacernos una idea, se estima que se liberaron a la atmósfera unas 10 000 Gt de compuestos de cloro, como el cloruro de metilo. Incluso el azufre antes citado, en forma de sulfuro de hidrógeno, se combina con el oxígeno cuando llega a las capas altas de la atmósfera, haciendo que este disminuya su concentración y, con ello, perjudique la formación de ozono, ya que el oxígeno es un reactivo básico en la formación de aquel. Henk Visscher, de la Universidad de Utrecht, en Holanda, observó que algunos granos de polen y esporas de comienzos del periodo Triásico habían sufrido alteraciones por mutación, y que él relacionaba con las dificultades que las células tenían para realizar su división, o mitosis, debido al exceso de exposición a los rayos ultravioleta por la falta de protección de la capa de ozono. Es otro efecto para añadir a la lista de aquellos que estaban deteriorando las condiciones de vida en nuestro planeta.

Meteorización

Las condiciones de acidez, incendios, aridez y elevadas temperaturas instaladas en la etapa de postcrisis, a comienzo del Triásico, llevaron a crear un paisaje desnudo en Pangea, donde la vegetación era prácticamente nula y las zonas encharcadas eran escasas. En estas condiciones, los restos de materia orgánica, incluyendo vegetación y suelos, eran fácilmente eliminados de la superficie del terreno y transportados por los vientos y sistemas fluviales hacia las plataformas marinas o lacustres (figura 10). Como ya comentamos, la materia orgánica consume mucho oxígeno en su descomposición, por lo que estos grandes aportes de desechos a las zonas acuáticas terminaron incrementando la deficiencia de oxígeno ya existente en esas zonas (figura 9) y, con ello, dificultaron la vida de los organismos, especialmente los que vivían fijados al lecho, o bentónicos, y no podrían desplazarse.

Una vez que disminuyó o hubo desaparecido la cobertera vegetal, la superficie continental quedó expuesta a la meteorización, es decir, a la alteración que sufren las rocas y minerales una vez que se ven expuestos a los efectos de la atmósfera, la hidrosfera y la biosfera. En estas condiciones, los minerales que componen las rocas y suelos se disuelven o transforman en otros. Los silicatos son los compuestos más abundantes de la litosfera y constituyen una parte importante de las rocas. Estos compuestos se alteran en presencia de CO_2 de la atmósfera, ya que este gas se combina con algunos de sus elementos para generar otros compuestos, haciendo que aquellos rompan su cohesión y se erosionen. Este proceso de alteración es importante, ya que produce una disminución considerable en el contenido de CO_2.

Para poder hacer estimaciones de lo que pudo representar la meteorización, utilizamos nuevamente la herramienta de las relaciones isotópicas, en este caso con el elemento estroncio (Sr), concretamente con sus isótopos ^{87}Sr y ^{86}Sr, en la relación $^{87}Sr/^{86}Sr$. El isótopo ^{87}Sr, el más pesado de los dos, se acumula en los sedimentos continentales procedente básicamente de la alteración de los granitos. De este modo, la llegada de estos sedimentos a la plataforma marina con valores elevados en este isótopo está relacionada con un aumento en la alteración de los silicatos en tierra. Así, y como muestra la figura 7B, en el límite P-T esta relación sufre una desviación importante hacia valores positivos, más pesados, indicando un aumento de los aportes que llegan desde el continente y, con ello, una mayor alteración y erosión de sus rocas durante esa etapa.

La meteorización de las rocas y la alteración de los suelos, que ya estarían deteriorados por otros procesos como la acidez, provocaron una importante producción de arcillas. Los suelos retienen elementos inmóviles, como el aluminio, o móviles, como el magnesio. Gregory Retallack mostró, mediante la comparación con depósitos actuales, que en registros sedimentarios del comienzo del Triásico la relación entre estos dos elementos nos permite conocer el grado de meteorización que se estaba produciendo basado en el incremento del elemento inmóvil, el aluminio, que nos indica una mayor etapa de meteorización de las rocas. En el estudio de la meteorización también nos puede orientar el resultado de los análisis realizados en las areniscas continentales de comienzos del Triásico, ya que aquellas areniscas que aumentan su contenido en cuarzo respecto al de feldespato nos indican una mayor meteorización, pues el feldespato es menos resistente a la meteorización y tiende a disminuir cuando esta se hace más intensa.

La erosión y la pérdida de vegetación provocan también cambios en los sistemas fluviales. Peter D. Ward, de la Universidad de Washington, observó que los sistemas fluviales de la base del Triásico sufrían cambios bruscos al desaparecer la vegetación y encontrar superficies áridas en sus recorridos. Estos ríos divagaban menos en su trayectoria, es decir, se hacían menos meandriformes y tendían a adquirir desarrollos más rectos ante la falta del obstáculo que representaba la vegetación.

Consecuencias de los *Siberian traps*. A modo de síntesis

Las figuras 9 y 10 intentan sintetizar lo que hemos explicado en este capítulo. La idea general es que la llegada de los basaltos siberianos estuvo detrás de una serie de procesos que se encadenaron, retroalimentándose entre sí. Algunos de los cambios producidos fueron suficientes para producir un deterioro importante en las condiciones fisicoquímicas de la Tierra, pero la actuación solapada de todos ellos fue lo que marcó la personalidad de los *Siberian traps*, es decir, lo que hizo que la extinción masiva del límite P-T fuese la más importante conocida.

Veremos en el capítulo 8 que estos procesos destructivos no terminaron al finalizar esta extinción, sino que volvieron a manifestarse después de haber pasado unos millones de años provocando nuevas alteraciones y, lo más importante, no permitiendo que la vida tuviese un camino fácil en su recuperación.

CAPÍTULO 6

¿Quiénes y por qué dijeron que fue una extinción?

Una introducción sobre las teorías clásicas de la evolución y las dataciones

Los estudios llevados a cabo sobre la fauna y la flora en la Tierra desde que se tienen datos de sus registros fósiles han permitido confeccionar un listado con los peores momentos de la vida en nuestro planeta. Como hemos visto en capítulos anteriores, estos estudios arrojaron sus primeros datos en el siglo XIX, cuando algunos atrevidos naturalistas como Georges Cuvier, Roderick Murchison, Charles Lyell, John Phillips o Charles Darwin osaron entrar en un terreno de investigación que auguraba tropiezos contra una sociedad que aún no estaba preparada para aceptar cambios en la rígida estructura que sostenía la idea de la evolución de la vida.

Conviene indicar, sin embargo, que estos científicos, no tenían criterios comunes para explicar las causas que estaban detrás de las etapas en las que los fósiles, tanto de fauna como de flora, de origen marino o terrestre, experimentaron una importante recesión o extinción. Los criterios que tenían eran incluso opuestos. Lyell tenía una idea "gradualista" de la evolución, es decir, pensaba que los cambios se producían de manera progresiva; además era "uniformista", pues consideraba que cualquier fenómeno en el pasado debería ser interpretado en términos de procesos que podrían ser observados en la actualidad. Como apunta el paleontólogo Michael J. Benton, autor ya mencionado, la línea uniformista de Lyell creó problemas donde no existían, pues, con esta idea en la mente, un geólogo no podría esgrimir que la crisis que sufrió la fauna y la flora en la transición P-T fue provocada por un vulcanismo como el que hemos mostrado de los *Siberian traps*, simplemente porque no hemos conocido un vulcanismo semejante en la actualidad. Esto, además de un problema, es una limitación importante para entender la evolución en el pasado.

Con el tiempo, Lyell empezó a sentirse incómodo cuando aparecieron nuevas evidencias científicas que le hacían más difícil mantener su postura uniformista; por ejemplo, él era consciente de la existencia de la edad de hielo, pues había suficientes pruebas del desarrollo de esta etapa fría en todo el norte de Europa, incluyendo su Escocia natal, y también sabía de la desaparición de diferentes grupos de mamíferos coincidiendo con esa etapa, pero no llegó a reconocer un episodio de extinción debido a una etapa de glaciación, sino que defendió la idea de la desaparición de estos mamíferos por otras razones, simplemente porque en la actualidad no estamos viviendo una glaciación. Esta no fue la primera mala experiencia que tuvo Lyell, ya había intentado salir del paso de otros casos de "desaparición rápida" de especies en el registro paleontológico que le habían mostrado otros científicos, pero no dio su brazo a torcer aceptando que podría tratarse de una extinción masiva.

Cuvier y Murchison, sin embargo, sí tenían una idea catastrofista, es decir, de una evolución marcada por cambios bruscos, mientras que Darwin consideraba que las especies procedían de otras preexistentes, compartían un ancestro común y desaparecían de forma natural con el tiempo por competición con otras especies. Darwin no aceptaba todas las teorías de Lyell, pero terminó abrazando el gradualismo de este autor, mientras que Murchison, que era escocés como Lyell, mantuvo ideas más distantes con él. Al parecer, Lyell era un científico muy respetado, pero también un hombre que defendía sus ideas de forma vehemente y mostraba una gran seguridad cuando las exponía, aspectos que hicieron que Murchison evitase enfrentamientos con él en las sesiones científicas y que las ideas catastrofistas quedasen relegadas durante muchas décadas, hasta tiempos muy recientes.

Todavía podemos complicar algo más este marco científico y social introduciendo a Charlotte Hugonin. Hugonin fue una luchadora por los derechos de las mujeres y consiguió, entre otras cosas, que las conferencias de Lyell se abrieran a la audiencia femenina. Su lucha no debió de ser nada fácil, y podemos imaginarnos que trabajó envuelta en la cautela, pues también era la esposa de Murchison. Hoy sabemos que este científico tuvo un gran apoyo por su parte para desarrollar su trabajo y su proyección en Europa, pues ella lo financió y contribuyó, incluso, en sus tareas de campo.

Es evidente que los conocimientos que han aportado estos científicos han abierto nuevas puertas en la investigación actual sobre la evolución. En un par de décadas, Gran Bretaña había concentrado a los más destacados investigadores de mediados del siglo XIX, lo mismo que hizo un siglo después con los artistas más innovadores de la música *rock*. En las investigaciones más recientes hemos podido ver las limitaciones de algunas de las teorías de estos investigadores, pero también los grandes aciertos que ya apuntaban. Por ejemplo, algunas ideas de Lyell y Darwin chocarían ahora con las aportaciones que arrojan cientos de artículos sobre los vulcanismos de los *Siberian traps* y su relación con la extinción masiva del límite P-T, pero tampoco podemos dejar de lado que desde el descubrimiento de la estructura del ADN en 1953 y el rápido desarrollo posterior de la biología molecular, la teoría de la evolución de Darwin, formulada un siglo antes, se ha visto confirmada en muchos de sus aspectos, lo que nos reafirma en la inmensa contribución que nos legaron aquellos científicos y la base de conocimiento y reflexión a la que llegaron en una etapa social y cultural tan adversa.

Estos investigadores, aun con las diferencias que mostraban entre ellos, compartían ideas y problemas básicos. Entre las ideas compartidas destaca la que considera que dos estratos, o capas de roca que se continúan lateralmente, pueden tener la misma edad si en ellos se encuentran fósiles del mismo tipo, incluso si estos se hallan distantes entre sí. Esta idea, que fue definida por William Smith a finales del siglo XVIII, sentaba las bases de la estratigrafía y la sucesión de los estratos del registro geológico, incluyendo los fósiles que aquellos contenían.

El problema que también compartían no era precisamente pequeño, se trataba, ni más ni menos, de la medida del tiempo, es decir, de saber qué edades tenían esos estratos y la de los fósiles que estos contenían. Está claro que la mayoría de aquellos investigadores, al menos en sus mentes, y en las posibles conversaciones en los pasillos de la Sociedad Geológica de Londres, o charlas en el *pub*, habían abandonado la idea, o estimación literal basada en la Biblia que había arrojado el arzobispo James Usher, de que la Tierra solo tenía 6000 años. Lo que ellos veían en las rocas y en los fósiles les hacía pensar en más años, en miles o incluso millones de años, pero todo era muy especulativo y, desde luego, arriesgado de exponer abiertamente. Hay que pensar lo difícil que podría resultar en el siglo XIX, incluso para esos investigadores, el imaginar lo que era un millón de años para la Tierra, algo que ahora no nos supone ningún esfuerzo. La solución al problema de la medida del tiempo empezó a ver la luz a finales de ese siglo con el descubrimiento de la radiactividad. Por pocos años Lyell, Murchison y Darwin, junto a otros colegas científicos, no pudieron ver la clave que les resolvería una de sus mayores pesadillas.

Los trabajos relacionados con la radiactividad los estaban llevando a cabo diferentes investigadores al mismo tiempo, como Henri Becquerel y el matrimonio Marie y Pierre Curie. Los dos últimos acuñaron el término radiactividad, y los tres fueron galardonados con el Premio Nobel de Química a comienzos del nuevo siglo, en 1903. Pero el paso definitivo se dio poco tiempo después, en 1906, cuando el físico neozelandés Ernest Rutherford hizo la primera medida de tiempo, o datación radiométrica, basada en la desintegración de una serie de elementos radiactivos. Las primeras mediciones fueron todavía algo rudimentarias, pero ya podían decir que la edad de la Tierra tenía varios miles de millones de años, y que los fósiles del Paleozoico y Mesozoico tenían varias decenas o centenas de millones de años.

Evidentemente, los trabajos basados en dataciones radiométricas han ido ganando mucha precisión debido a los avances conseguidos en las técnicas de laboratorio y, como vimos en el capítulo 3, algunos límites estratigráficos, como el que separa los periodos Pérmico y el Triásico (figura 2) llegan a tener errores inferiores a cientos de miles de años. Para hacernos una idea de la precisión a la que se ha llegado en algunos casos, en 2023, la Comisión Estratigráfica Internacional, que actualiza anualmente las edades de los diferentes periodos y pisos de la tabla cronoestratigráfica internacional, ha situado la edad del límite entre estos dos periodos en 251,902 ± 0,024 Ma. Este tipo de precisiones nos permiten fijar las edades de las principales extinciones masivas, pero también cuánto duraron y cuál fue el tiempo de recuperación de aquellas. Ya podemos imaginar el avance que esta información ha supuesto para comprender mejor estos episodios en todas sus dimensiones y para poder compararlos y evaluar algunas situaciones que estamos viviendo hoy, como la rápida subida de la temperatura media en la Tierra, el importante aumento de la acidez en los océanos o las elevadas cifras de extinciones que vamos conociendo en la fauna y la flora en medios continentales y marinos.

Las extinciones masivas

La idea de extinción masiva permite diferentes aproximaciones. José S. Carrión, de la Universidad de Murcia, se refiere a extinciones masivas cuando en intervalos de tiempo geológico relativamente breves tiene lugar la desaparición de un porcentaje muy elevado de especies, géneros y familias, incluso órdenes, a nivel global o en áreas geográficas muy extensas. Para este mismo autor, una extinción masiva implica una notable pérdida de biodiversidad bajo circunstancias ambientales que se pueden considerar catastróficas. Por su parte, Xabier Orue-Etxebarria, de la Universidad del País Vasco, considera una extinción masiva aquella en la que desaparece un 50% o más de las especies en un periodo entre 1 y 3 Ma. Se trata, por tanto, de una extinción terminal, porque todos los miembros de una o más especies desaparecen sin dejar descendencia.

Como hemos visto en el apartado anterior, estas ideas no encajarían con las que se trabajaba hasta hace solo unas décadas, en los años cincuenta y sesenta del siglo XX, ya que la desaparición masiva de fósiles en un nivel, o sucesión de niveles del registro geológico, no se interpretaba como una crisis o extinción masiva, sino que, simplemente, se justificaba como un hiato, es decir, la interrupción en la continuidad de este registro, bien porque no hubo tal registro, bien porque se erosionó en una etapa posterior y, por tanto, al no haber registro tampoco había fósiles. Así de sencillo. Con estas ideas, los estudios previos a la segunda mitad del siglo pasado, en los que se observaban cambios bruscos en el registro de fósiles en la sucesión vertical de rocas, quedaron relegados, o ignorados en el peor de los casos, como le sucedió a John Phillips. El caso de Phillips, geólogo inglés que perfeccionó sus estudios en el King's College de Londres, fue muy especial, ya que en 1860 publicó una figura con unas tendencias marcadas por curvas, aparentemente sencillas, que mostraban, nada menos, la diversidad de la vida a través del Fanerozoico (figura 11A).

En esta figura de Phillips destacan dos aspectos muy importantes: que la diversidad fue creciendo con el paso del tiempo y que este crecimiento se vio interrumpido en dos etapas principales que marcaban un claro declive en la vida y, a su vez, definían tres fases dominantes de evolución, que él denominó vidas Paleozoica, Mesozoica y Cenozoica, de más antigua a más moderna, respectivamente. Es sorprendente, porque este autor ya supo diferenciar que el registro geológico mostraba un importante declive en la fauna y la flora entre el Paleozoico y Mesozoico, es decir, entre los periodos Pérmico y Triásico, pero no podía hablar de extinciones masivas porque todavía no estaba aceptado el catastrofismo. Phillips, como vimos anteriormente, perteneció a esa generación que vivió la etapa previa al descubrimiento de los análisis radiométricos, una limitación que lo llevó a estimar en 96 Ma la edad de la Tierra. Aun así, hoy vemos esa figura sencilla que publicó a mediados del siglo XIX como sinónimo de progreso científico, tenacidad y vanguardismo.

A pesar de la posibilidad de medir el tiempo con mayor precisión gracias a los conocimientos adquiridos mediante técnicas radiométricas a principios del siglo XX, las ideas sobre extinción masiva de fauna y flora en el registro fósil no despuntaron hasta la segunda mitad de ese siglo. Este cambio, posiblemente catalizado por la postura que tomó la Iglesia católica en 1950 con la encíclica *Humani generis*, del papa Pío XII, en la que adopta una posición neutral en el tema de la evolución, se dio tras la publicación en 1963 de un trabajo provocativo, quizá movido por el hartazgo, del paleontólogo alemán Otto Schindewolf, al que tituló "Neokatastrophismus?", utilizando la letra K intercalada y la terminación en latín con una interrogación para llamar la atención. Este autor hacía una llamada para considerar el catastrofismo, de una vez por todas, en las teorías de la evolución y, en particular, para explicar las extinciones masivas, ya que no había dudas de que en algunas sucesiones geológicas del límite P-T de Rusia y Suráfrica, en las que él y otros colegas habían trabajado, no había hiato alguno y, sin embargo, era evidente la presencia de una muerte masiva de anfibios y reptiles.

FIGURA 11

A. La primera figura dada a conocer sobre la diversidad de la vida en el Fanerozoico. Se trata de un esquema publicado por John Phillips en 1860 en el que ya mostraba con claridad el impacto que sufrió la vida en la Tierra en la transición entre los periodos Pérmico y Triásico, es decir, entre las eras Paleozoico y Mesozoico. B. Diversidad de las familias marinas durante el Fanerozoico y porcentajes de extinción de aquellas en las cinco extinciones masivas principales. Este esquema presenta datos obtenidos de dos artículos: Raup y Sepkoski (1982), para la diversidad de las familias marinas, y Jablonski (1994), para los porcentajes de extinción. En ambos casos es perceptible la mayor pérdida de familias producida durante la transición entre los periodos Pérmico y Triásico.

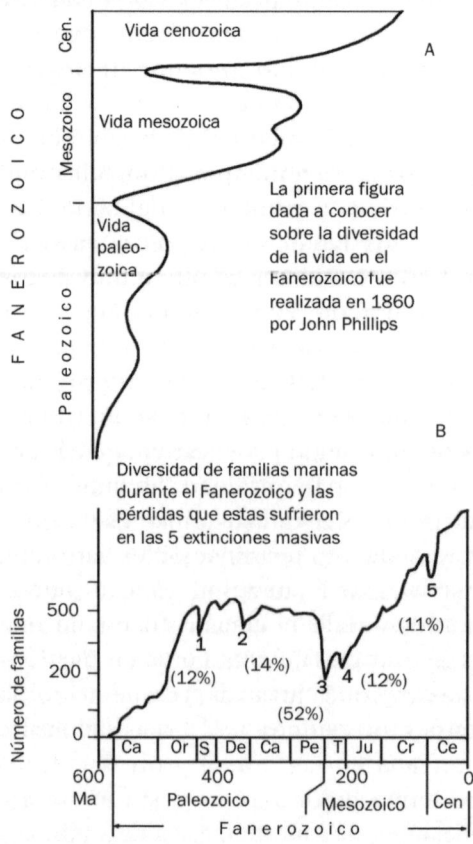

No tardaron en llegar otros trabajos que reforzaban la idea de Schindewolf donde la extinción masiva y el catastrofismo eran aceptadas sin reparos. De estos podemos destacar el que Norman D. Newell publicó en 1967 en la Sociedad Geológica de América titulado "Revoluciones en la historia de la vida"[4]. Newell hizo progresar el conocimiento de las extinciones del Fanerozoico al ser capaz de separar eventos de mayor o menor importancia dentro de aquellas. Así, basándose en el estudio sobre familias marinas, diferenció seis extinciones masivas principales y otras de menor orden. Un par de décadas después del trabajo de Newell aparecieron trabajos nuevos con un mayor detalle de análisis, entre los que destacan el llevado a cabo en 1982 por dos paleontólogos estadounidenses, David Raup y Jack Sepkoski, en el que se incorporaban análisis estadísticos sobre grados de extinción basado en la diversidad de familias marinas en los diferentes periodos del Fanerozoico (figura 11B). No es de extrañar que este tipo de trabajos se apoyen en estudios de faunas de origen marino, pues el registro sedimentario de las calizas marinas puede concentrar cientos o miles de fósiles en muy pocos centímetros de un mismo estrato, constituyendo auténticos laboratorios de investigación en el campo.

El trabajo de Raup y Sepkoski marcó un antes y un después en el estudio de las extinciones. Como vemos en la figura 11B, estos autores diferencian cinco extinciones masivas principales, mostrando a su vez la extinción del límite P-T como la más destacada de todas ellas. Estas cinco extinciones han sido cada vez más respaldadas por parte de los paleontólogos especializados, como David Jablonski, o los ya citados Michael J. Benton y Anthony Hallam, quien las denomina *big five*. Hay que destacar que algunos autores, como los mencionados Newell, Erwin y Orue-Etxebarria, diferencian también una sexta extinción masiva durante el Cámbrico. Jablonski,

---

4. No debemos confundir a este autor, del que ya hemos contado sus magníficas contribuciones a la paleontología, con otro brillante geólogo, Andrew J. Newell, investigador del Servicio Geológico Británico, del que hablaremos más adelante.

profesor de la Universidad de Illinois, publicó en 1994 un detallado trabajo en el que iba más allá de sus predecesores, ya que daba porcentajes de extinción de las familias, géneros y especies de las cinco extinciones masivas principales (figura 11B). Estos datos apuntalan que la extinción del límite P-T fue, a su vez, la más destacada de las cinco principales, aspecto reconocido de forma generalizada por la mayoría de los autores, como mostramos en la figura 2.

¿La extinción masiva del límite P-T, o de la transición P-T?

Ya se había resuelto el tema de la existencia de extinciones masivas en el registro geológico, sin embargo, hasta hace solo unas pocas décadas, muchos paleontólogos pensaban que las extinciones masivas afectaban básicamente al medio marino, con escasa repercusión en los ecosistemas del ámbito terrestre. Como hemos podido ver en etapas más recientes, esta idea arrojó una visión muy parcial de la realidad, provocando unos escenarios que, en cierto modo, serían inverosímiles. Como detallaremos en el próximo capítulo, los vertebrados, las plantas e insectos del medio continental también sufrieron las consecuencias de la crisis del límite P-T, aunque sus efectos fueron menos drásticos que en el medio marino, incluso, en algunos casos, no fueron consideradas extinciones.

Las dudas no terminaban. Una vez demostrada la extinción del límite P-T en el medio continental, la pregunta que se hacían los paleontólogos era si hubo un desfase temporal entre la extinción en el medio continental y el marino, es decir, en qué medio empezó antes y cómo se produjo. Para encontrar una respuesta, Richard Twitchett, de la Universidad de Plymouth, en Reino Unido, y colaboradores realizaron en 2001 una interesante labor de investigación en el este de Groenlandia, en Jamesonland. En esta área pudieron estudiar el límite P-T en rocas tanto de origen marino como continental, porque, afortunadamente, ambos tipos de registros se localizan a pocos kilómetros unos de otros en esa zona de estudio. Hay muy pocos casos en el planeta en los que se dé esta circunstancia y donde las rocas se conserven bien, pero ese equipo lo encontró en esa región remota.

Aunque no pudieron hacer dataciones radiométricas, que hubiese sido lo ideal, pudieron datar las rocas marinas con amonites y conodontos, y las continentales, mediante asociaciones de polen y esporas fósiles. Estas dataciones con fósiles, aunque no sean tan precisas como las radiométricas, son las mejores y más fiables en cada uno de esos medios, y les permitió obtener una conclusión muy interesante, que la extinción en el medio continental había sido escalonada, no de golpe. Algunos autores, como Spencer G. Lucas, del Museo de Historia Natural y Ciencia de Nuevo México, coinciden en sus investigaciones en que el escalonamiento producido en la extinción continental pudo extenderse hasta 250 000 años; además, este último autor añadió otro dato de gran interés, y era que la extinción en el medio continental pudo haber empezado un poco antes que en el medio marino, quizá decenas de miles de años antes.

Estas conclusiones hicieron revisar los estudios realizados en series marinas, pues resultaba extraño que la crisis se manifestase de manera tan diferente en los ecosistemas continentales y en los marinos, después de todo, el vulcanismo de los *Siberian traps* tendría que haber afectado al mismo tiempo a todo el planeta. Esta revisión fue llevada a cabo por un grupo muy activo de la Universidad de Wuham, en China, encabezado por los investigadores Song Haijun, Yin Hongfu y Tong Jinnan, que estuvieron acompañados por el investigador ya citado Paul Wignall. Los resultados no se hicieron esperar, pronto se pudo demostrar que la crisis en el medio marino tampoco se produjo en un único evento, como se pensaba hasta hace solo dos décadas, sino que sucedió en dos pulsos muy próximos entre sí. En esas series de campo chinas, estos dos pulsos en los que se observa una importante caída de familias de diferentes grupos fósiles se localizan en dos niveles que están separados solo por unos centímetros, uno justo por debajo del límite P-T y el otro justo por encima, pero que representan un tiempo aproximado de 200 000 años, quizá una separación parecida a lo que ocupa la bota de mi colega José F. Barrenechea en el registro del límite P-T del norte de Italia en la figura 7A. Estos miles de años suponen mucho tiempo a escala humana, pero en rocas tan antiguas es todo un reto, y un éxito, poder precisar tanto.

Pero los hallazgos de este grupo investigador de Wuham han ido más allá, pues han podido demostrar que estos dos niveles, separados por apenas un palmo, muestran cada uno de ellos un pico negativo en la excursión de la relación $^{13}C/^{12}C$. Estos dos picos, o tendencias negativas, es lo que se intenta mostrar en la figura 7B mediante una ampliación del recuadro de lo que inicialmente fue considerado un solo pico, y que está relacionado con una inyección inmensa de CO_2 en la atmósfera durante el comienzo de la crisis del límite P-T. Es decir, que la precisión de los actuales laboratorios ha permitido hilar más fino y demostrar que no se trató de un único episodio de vulcanismo de los *Siberian traps*, sino de dos episodios separados por unos 200 000 años.

Este dato es más que una curiosidad o un alarde técnico en los laboratorios, pues, por un lado, acerca entre sí, en el tiempo, a las crisis producidas en el continente y en el océano y, por otro, nos muestra que se trató de una repercusión muy severa de los ecosistemas y la vida en general, ya que fueron tan seguidos (geológicamente hablando, claro) los vulcanismos masivos, que el segundo de ellos debió de impactar directamente sobre la poca fauna y flora que habría logrado sobrevivir del primero y que estaría intentando rehacerse. Ahora empezaban a entenderse con menos dudas los efectos tan dramáticos de esta extinción.

Si tenemos que resumir este apartado, podríamos hacerlo con la palabra "transición"; es decir, la idea de la extinción masiva entre los periodos Pérmico y Triásico no se produce en el límite exacto entre esos periodos (251,9 Ma), sino que es una transición que empieza antes y termina después de dicho límite, tiempo que puede estar separado por un par de centenas de miles de años y que en las rocas de las series que trabajamos en el campo se ve manifestado por una separación que puede oscilar entre unos centímetros en las series marinas a varios metros en las continentales. Esta idea hizo coger fuerza al término "transición Pérmico-Triásico" para referirse a esta extinción masiva, aunque otros autores también se refieren a ella como "la extinción masiva del final del Pérmico" (*end permian mass extinction*, EPME), por ser en esa edad cuando se observan las primeras caídas en el número de familias de diferentes grupos de animales, tanto en medios marinos como continentales.

Utilizando estos términos, y para irnos metiendo en datos numéricos, es interesante citar nuevamente al brillante científico y divulgador Douglas Erwin, quien en 1966 publicó en la revista *Scientific American* uno de los trabajos más citados en las últimas décadas en el ámbito de la paleontología, y donde escribía que el evento del final de Pérmico (EPME) representó "la madre de todas las extinciones [...] eliminando en torno al 90% de las especies en los océanos y alrededor del 70% de las familias de vertebrados en los continentes". La manera en la que Erwin resume esta extinción masiva nos hace pensar que se trató de una auténtica catástrofe, pero también de un reto para la vida en el planeta, "el reto más grande", como puntualiza Michael J. Benton, y que veremos en el siguiente capítulo.

CAPÍTULO 7

La mayor extinción conocida. Un reto para la vida

En los capítulos anteriores hemos mostrado cómo se llegó hasta la extinción masiva de la transición P-T, y en este intentaremos acercarnos a la respuesta que dieron los diferentes ecosistemas. En las últimas décadas, esta tarea la vienen realizando diferentes equipos internacionales mediante estudios multidisciplinares que permitan mostrar la visión más completa posible. En este capítulo hacemos una aproximación general abordando los dos medios principales, el marino y el continental, es decir, Pantalasa y Pangea.

La extinción en el mar

Para hablar de la extinción en los océanos de cualquier edad del Fanerozoico (figura 12), hay que tener en mente los estudios llevados a cabo por Jack Sepkoski, autor previamente citado, que en 1984 sorprendió a la comunidad científica con un interesante artículo en el que, basado en el número de familias de grupos marinos de ese intervalo de tiempo, es decir, de unos 540 Ma, pudo separar tres grandes capítulos evolutivos que se solapan entre sí, denominados: a) fauna cámbrica, que aparece en la base del Cámbrico, tiene características específicas y desaparece en el límite P-T; b) fauna paleozoica, que también comienza en la base del Cámbrico, pero muestra características diferentes, con mayor diversidad y número de familias, y que caracteriza al Paleozoico por tener un importante declive al final de esa etapa, en el límite P-T, y c) fauna moderna, con una mayor diversidad y número de familias respecto a la Paleozoica, y que ha caracterizado la etapa que incluye desde el límite P-T hasta nuestros días. Esto quiere decir que, en nuestro caso, la transición P-T, estamos hablando del paso de la fauna paleozoica, a la fauna moderna.

FIGURA 12

Esquema de la evolución de la fauna marina durante la extinción en el límite entre los periodos Pérmico y Triásico. En la figura también se aprecia la crisis previa del final del Capitaniense, es decir, la transición entre el Pérmico medio y el superior. Esta última crisis tuvo una clara influencia en la siguiente, la del P-T, puesto que apenas hubo tiempo para la recuperación de los grupos afectados al final del Capitaniense.

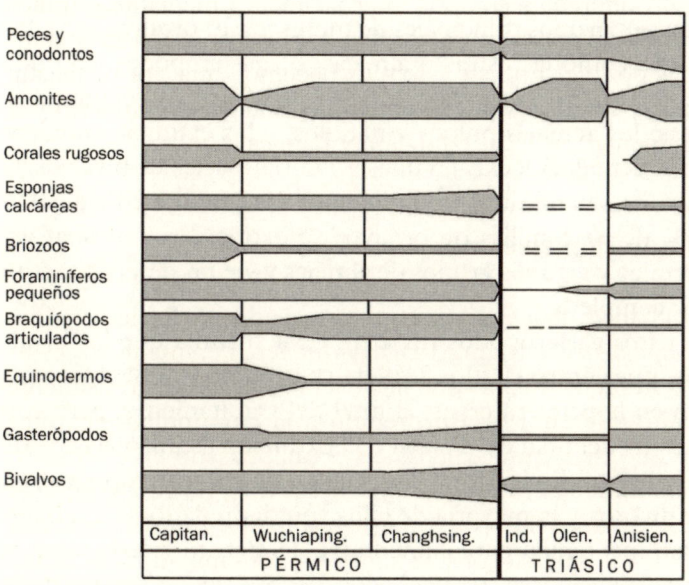

FUENTE: ADAPTACIÓN DE HALLAM Y WIGNALL (1997).

Para comenzar a mostrar datos de la extinción del límite P-T en el medio marino, hay que recordar nuevamente la extinción del final del Capitaniense, o final del Pérmico medio, porque, como vimos en los capítulos 2 y 3, precedió a la del final del Pérmico, o de la transición entre el Pérmico y Triásico, y ya marcó un claro declive en algunas faunas. Es importante tener ambas crisis en mente, porque, en ocasiones, es difícil discernir hasta qué grado se solapan ambas extinciones, o si una extinción enmascara los datos de la otra. Por otro lado, tampoco debemos olvidar que el registro fósil de algunos grupos, tanto marinos como continentales, puede cambiar en función de la latitud en la que se han encontrado. No es fácil, por tanto, establecer estimaciones globales y, aunque hay consenso en términos generales, también hay diferencias puntuales entre algunos autores.

Moluscos

Hay tres grupos principales de moluscos: a) bivalvos, con dos valvas, como las ostras o almejas; b) gasterópodos, con una única concha, como la caracola o tritón, y c) cefalópodos, como los actuales pulpos y nautilos, y los extintos amonites. En la actualidad, existen unas 13 000 especies de bivalvos, la mayoría son marinas y dominan los fondos en ese medio. Un 26% de las familias de bivalvos se extinguieron al final del Pérmico y algunos grupos de almejas y vieiras desaparecieron por completo.

Los gasterópodos tuvieron peor fortuna que los bivalvos, pues entre el 20 y 25% de sus géneros ya desaparecieron en la primera crisis, al final del Capitaniense, pero con la crisis del final del Pérmico la extinción alcanzó el 45% de los géneros. En la actualidad, el 90% de los gasterópodos son carnívoros y la mayoría de ellos son depredadores. La habilidad que tenían para alimentarse del detrito y de la materia en suspensión se fue perdiendo poco a poco después de la crisis del final del Pérmico.

Entre los cefalópodos, los amonites, además de constituir uno de los grupos fósiles más valiosos para obtener la edad de las rocas, y de ser muy apreciados por los coleccionistas, fueron unos moluscos con una evolución muy particular, pues, a pesar de que respondían mal a las crisis, tenían la capacidad de evolucionar rápidamente y diversificar en cientos de especies por todo el planeta cuando las condiciones eran favorables. Salieron mal parados de la crisis del final del Capitaniense, pero retomaron el pulso antes de afrontar la siguiente crisis del final del Pérmico. En las secciones de campo de China, que es donde mejor han podido ser estudiados, se ha observado que al final del Pérmico llegaron a desaparecer 20 de los 21 géneros registrados, y 102 de las 103 especies. Un golpe así haría desaparecer a cualquier otro grupo, pero los amonites sorprendieron a los paleontólogos al dar señales de vida a comienzos del Triásico, pues las pocas especies que sobrevivieron evolucionaron y se extendieron rápidamente.

Briozoos

Los briozoos, del griego *brion*, 'musgo' ('animales musgo'), son animales coloniales que presentan una corona con tentáculos ciliados mediante los que obtienen el alimento al producir movimientos que arrastran el plancton hacia su boca, donde han desarrollado un sistema de filtro. Fueron habituales en el crecimiento de los arrecifes pérmicos, junto a esponjas, braquiópodos o corales. Hubo dos grupos principales de briozoos: los estenolemados y los gimnolemados. Los primeros, que formaban colonias elegantes en forma de abanico y llegaban a constituir arrecifes, que eran también la fuente de muchas de las rocas calcáreas actuales, sufrieron una crisis importante en la extinción del final del Capitaniense, y las pocas especies que salieron adelante desaparecieron poco después, en la crisis del final del Pérmico. Los gimnolemados también formaban colonias, podían crecer sobre rocas o sobre animales, como los peces, aunque eran sésiles, es decir, carecían de un órgano que sirviera de pie o soporte que les permitiera desplazarse. Este grupo sobrevivió sin grandes problemas a las dos crisis, y fueron los antecesores de los briozoos actuales.

Equinodermos

Los equinodermos, del griego *ekhino*, 'púa', y *derma*, 'piel' (animales con 'piel de púa'), se integran en el grupo de los deuterostomados, es decir, que en su etapa embrionaria desarrollaron primero la boca y el ano, habían desaparecido, en su mayoría, varios millones de años antes de la crisis del final del Pérmico. Los crinoideos, sin embargo, representan un grupo de equinodermos que esquivaron el destino que habían tenido la mayoría de estos, y tuvieron éxito durante todo el Paleozoico. Estaban constituidos por un tallo largo que terminaba en una estructura en forma de copa en la parte más alta, de la que salían unos brazos delgados que rodeaban la boca, a donde empujaban presas pequeñas. Son conocidos como los lirios marinos, por el parecido que tienen con esta planta, y representaron la tercera comunidad más importante durante el Pérmico y, por tanto, también de la llamada fauna paleozoica, que había diferenciado Sepkosky dentro del Fanerozoico y que comentamos anteriormente. Con frecuencia se organizaban en arrecifes y formaban grandes gradas, donde crecían y se agrupaban en función de la altura. En la actualidad muchos crinoideos viven libres de sujeción, pudiendo desplazarse, como las estrellas y los erizos de mar.

Dos subclases de crinoideos desaparecieron, sin embargo, durante la crisis del final del Pérmico, aunque estas ya arrastraban las consecuencias de la crisis del final del Capitaniense. Parece que la recuperación de este grupo, ya en el Triásico, se realizó a través de un único género que sobrevivió, aunque lo hizo con poca diversidad. Los crinoideos mantienen todavía muchos secretos de su linaje y evolución por descubrir.

Foraminíferos

Los foraminíferos nos proporcionan una valiosa información de la crisis del final del Pérmico, y sirven como "fósil guía"; es decir, que su presencia en las rocas puede servir para conocer, con cierta precisión, la edad de aquellas y, por tanto, reconocerlas en otras zonas vecinas. Se trata de animales generalmente marinos, aunque también los hay de agua dulce, y son bentónicos, mezclándose con la arena de los fondos. Muestran conchas enroscadas, o en espiral, pero también en forma de plato o constituyendo pequeños glóbulos, y su tamaño oscila normalmente entre varias micras y medio centímetro. La concha suele ser de calcita y está constituida por una o varias cámaras interconectadas mediante orificios, o forámenes, de donde proviene su nombre latino de 'portador de orificios'. Se trata de un grupo muy generoso para los investigadores, porque presentan decenas de miles de especies, y se han convertido en una herramienta muy útil para realizar estudios bioestratigráficos y paleogeográficos.

Las fusulinas constituían el grupo más numeroso de foraminíferos en el Pérmico. Evolucionaron rápidamente hasta alcanzar una diversidad superior a 5000 especies, pero una vez alcanzado ese éxito, desaparecieron igualmente al final de este periodo. Esta desaparición vino precedida de una importante caída sufrida en la crisis del Capitaniense, donde el número de géneros ya había descendido de 59 a 14.

Braquiópodos

Los braquiópodos son animales testigos de una dilatada historia en nuestro planeta, nada menos que desde casi el comienzo del Fanerozoico, en el Cámbrico inferior. Durante este tiempo se han reconocido unas 16 000 especies, aunque en la actualidad sobreviven menos de 350. Normalmente son bentónicos, pero también se introducen en el fondo excavando galerías. Están formados por dos valvas, como los bivalvos, pero en el caso de los braquiópodos estas son diferentes, siendo la superior más grande.

La crisis del final del Capitaniense representó una importante caída de los braquiópodos tropicales, donde llegó a quedar solo la tercera parte de los que existían, aunque también dio paso a otros grupos más especializados, como los rinconélidos. Pero la crisis más severa que sufrió este grupo estaba esperando hasta el final del Pérmico, donde el 90% de las familias y el 95% de los géneros terminaron desapareciendo. Este vacío fue ocupado, en gran medida, por la presencia del género *Lingula* durante el Triásico, un braquiópodo oportunista que supo medrar en unas condiciones nada favorables para otros, y que ha persistido hasta nuestros días.

Arrecifes y esponjas

Los arrecifes fueron muy comunes y estuvieron bien desarrollados durante todo el Pérmico, llegando a alcanzar los 70 m de altura en algunos registros estudiados en la provincia de Sichuan, al sur de China. Estos edificios estaban básicamente constituidos por poríferos, más conocidos por esponjas, pero también crinoides, briozoos, foraminíferos y braquiópodos contribuían a mantener la estructura del arrecife. Las esponjas son animales filtradores que utilizan un sistema de cámaras y tubos muy desarrollado para provocar corrientes internas de agua mediante las que atrapan el alimento. Cualquiera habrá usado en alguna ocasión una esponja natural en la ducha, y se habrá sorprendido de la complejidad interna que muestra, una estructura que les ha dado buen resultado en su evolución, pues hay que decir que se trata de uno de los animales que más tiempo lleva en la Tierra, unos 600 Ma.

Los arrecifes sufrieron un impacto importante en la extinción del final del Pérmico debido, en gran medida, a que las esponjas que los construían sufrieron un declive superior al 70%. Esto es fácil de entender, pues los arrecifes dependen tanto de los diferentes organismos que los constituyen que la desaparición de alguno de ellos puede desestabilizar al conjunto. Tras esta crisis, los arrecifes estuvieron casi 8 Ma desaparecidos de la faz de la Tierra, reapareciendo de forma modesta durante el Triásico Medio en zonas aisladas, como en los Dolomitas, en los Alpes orientales de Italia.

Corales

Los corales son animales básicamente marinos que constituyen colonias formadas por cientos o miles de individuos que pertenecen a diferentes tipos de organismos. Se alimentan de algas unicelulares que viven dentro de su estructura y les proporcionan el color, pero también lo hacen de pequeños peces y plancton que atrapan con sus tentáculos. Sus colonias están muy bien organizadas, pues los corales iniciales se dividen sin cesar formando auténticos clones, y estos, a su vez, constituyen el armazón que da estabilidad a las siguientes generaciones.

Los corales tabulados y rugosos representaron una parte muy importante de la fauna del Paleozoico, pero la mayoría de ellos desaparecieron durante la extinción del final del Capitaniense y, aunque sobrevivieron a este trance diez familias y 107 especies, todas ellas terminaron desapareciendo al final del Pérmico. En el caso de los corales, la bajada del nivel del mar que se produjo al final del Capitaniense, y de la que hablamos en el capítulo 3 fue determinante en la extinción que sufrieron, pues las colonias que aquellos formaban se irían quedando expuestas, afectando primero a los corales que estaban más agrupados, constituyendo las colonias más densas, mientras que el turno les llegó algo más tarde a los que estaban menos interrelacionados y a los solitarios.

Peces y conodontos

Los primeros peces habían comenzado su andadura en el Cámbrico, hace unos 520 Ma y, al contrario de lo que sucedió con la mayoría de los grupos marinos, no sufrieron una extinción al final del Pérmico. Es más, algunos grupos de peces, como los elasmobranquios, experimentaron una mayor diversificación a comienzos del Triásico. Este grupo lo conforma una subclase de los peces cartilaginosos, es decir, con un esqueleto conformado por cartílago, y muestran una piel áspera por estar recubierta por dentículos, como sucede con la raya y los tiburones.

De los grupos depredadores mejor estudiados destacan precisamente los tiburones, pero también los celacantos y los dipnoos, o peces pulmonados, es decir, con pulmones funcionales. Estos últimos son una subclase de sarcopterigios, y por ello muestran aletas lobuladas, que parecen terminar en manos. Estas características, precisamente, hacen que muchos especialistas consideren que este grupo es el más próximo a los tetrápodos, y que fueron responsables de dar el paso de la vida acuática a la terrestre. El celacanto es también un sarcopterigio que se creyó extinto hasta que la casualidad dio con un ejemplar vivo en 1938, en Suráfrica, y con otros pocos ejemplares más en la isla Célebes, en Indonesia, unas décadas después.

El declive más importante, sin llegar a ser dramático, lo sufrieron los actinopterigios, una clase de peces óseos que en la actualidad son los más abundantes dentro de los vertebrados, como la trucha, el salmón, la sardina, el atún o la anguila, llegando a conocerse unas 27 000 especies. Su capacidad de adaptación debió de ser muy grande, tanto en agua dulce como salada, para llegar hasta nuestros días con esa gran diversidad.

Un aspecto importante a destacar es que la evolución de los peces a comienzos del Triásico fue paralela al desarrollo de uno de los primeros linajes de vertebrados terrestres que regresó al mar. Resulta llamativo pensar que la vida salió del mar para ir ocupando los continentes hace unos 320 Ma, en el Carbonífero, y a comienzos del Triásico, hace unos 250 Ma, aparecieron unos grupos de anfibios y reptiles que buscaban la forma de regresar al mar. Así, aunque las primeras incursiones se realizaron de forma tímida con los trematosauridos, anfibios similares a los actuales gaviales, o cocodrilos de boca estrecha de la India, pronto aparecieron los ichtiosaurios, que en griego significa 'pez lagarto', y que eran grandes reptiles marinos con aspecto de delfín, pero que habían evolucionado de reptiles terrestres. Es curioso conocer que la primera vertebra fósil de un ejemplar de ichtiosaurio fue publicada en 1708 con una gran expectación de la comunidad científica, pues se mostró como una prueba tangible del diluvio universal. Faltaba todavía algo más de un siglo y medio para entender la evolución de otra manera.

Los conodontos fueron unos animales marinos que aparecieron en el Cámbrico y se extinguieron en el Jurásico Inferior. Poseían un cuerpo blando y posiblemente serían parecidos a una anguila. Como mostramos previamente, se trató de un animal misterioso, pero de gran interés para los paleontólogos, pues algunas partes del aparato alimentario de la cabeza permiten ser clasificadas y proporcionar la edad de la roca que las contiene. Aunque este animal no mostraba una gran diversidad, sin embargo, su presencia era común a finales del Pérmico. En su paso al Triásico se produjo la desaparición de algunas de sus especies, pero en ningún caso se ha considerado que se tratara de una extinción. Recordando unas líneas del capítulo 3, la primera aparición o presencia del conodonto *Hindeodus parvus* es la que marca el comienzo del Periodo Triásico, tal y como se propuso en la sección tipo de Meishan, China.

La extinción en el continente

Hay que comenzar este apartado señalando que, por motivos de conservación, los fósiles de origen continental tienen un registro más escaso que aquellos de origen marino. Los vertebrados continentales, por ejemplo, se conservan completos solo de forma excepcional, y las plantas e insectos debieron tener grandes dificultades para hacerlo a comienzos del Triásico, cuando las condiciones de sedimentación en gran parte de los continentes favorecieron el desarrollo de desiertos y sistemas fluviales con alta energía, justo lo contrario de lo que un organismo necesita para fosilizar. Todo esto supone una importante limitación en las investigaciones a la hora de discernir entre "lo que hubo y lo que hemos encontrado"; es decir, que lo que encontramos fosilizado puede ser solo una parte reducida de lo que pudo existir.

Por otro lado, también hay que señalar que cuando llegó la crisis del final del Pérmico, las plantas y animales continentales llevaban en la Tierra solo unos 230 Ma, pues habían aparecido en el Ordovícico Inferior, hace unos 480 Ma, mientras que los primeros animales que aparecieron en los océanos, que pudieron ser unas medusas o unas esponjas, lo hicieron hace unos 700 Ma, en el Precámbrico. Estos 220 Ma de diferencia de tiempo habitando en la Tierra también han favorecido que el registro fósil de origen marino sea más abundante que el continental. Lógicamente, tanto el peor grado de conservación como la menor abundancia de estos últimos fósiles han hecho que los estudios sobre las plantas, vertebrados e insectos que vemos seguidamente hayan avanzado más despacio que aquellos sobre el registro marino.

Las plantas

Cada vez hay más acuerdo en que la extinción que sufrieron las plantas fue menor de lo que se había considerado hasta hace solo dos décadas. En este sentido, Edith Taylor, de la Universidad de Kansas, opina que el registro fósil de plantas que encontramos en las rocas de la transición P-T no refleja las condiciones reales de lo que sucedió, sugiriendo que quizá hubo más plantas, pero no se han conservado. Es más, recientemente se ha llegado a comprobar que el contenido de polen fósil obtenido durante la transición P-T muestra la existencia de un mayor número de plantas del que se ha encontrado. Esta idea refuerza la de Taylor, es decir, las plantas no debieron conservarse, pero debieron existir, pues sus pólenes son testigos de ello.

Está claro que debió haber una fase destructiva de los ecosistemas vegetales a gran escala, además de un problema de conservación añadido. Andrew H. Knoll, de la Universidad de Harvard, va todavía más lejos al considerar que el paso de las plantas del Pérmico al Triásico consistió básicamente en el "cambio" de una flora por otra, con una etapa "transicional" por medio, es decir, algo alejado de lo que representa una extinción. Además, esta etapa de transición fue larga, entre 4 y 10 Ma, y comenzó muy temprana, unos 20 Ma antes del límite P-T, aspecto que, como vimos anteriormente, afectaba también a la crisis del Capitaniense. Por si fuera poco, la nueva flora no esperó al Triásico, sino que apareció antes de que hubiese terminado el periodo Pérmico. En definitiva, los cambios que sufrieron las plantas en su transición entre los periodos Pérmico y Triásico llevaron un ritmo muy particular y dependieron mucho de las zonas geográficas en las que se desarrollaron, pero en ningún caso se trató de un cambio repentino, ni de una extinción masiva.

Como mostramos en el capítulo 2, la vegetación pérmica estaba dominada por tres grupos: a) pteridofitas, plantas sin flores ni semillas, es decir, con una reproducción muy primitiva, y dominada por los helechos; b) cordaitales, plantas que habían empezado su andadura en el Devónico Superior o Carbonífero inferior, eran vasculares, es decir, con raíz, tallo y hojas, tenían con un buen desarrollo en suelos húmedos, y posiblemente representaron un grupo ancestral de las actuales coníferas, y c) pteridospermas, o helechos con semillas y hojas grandes que se remontan al Devónico Superior, pero que hoy solo aparecen en el registro fósil.

La sustitución o cambio de floras que se produjo en el Triásico ya venía realizándose a lo largo de la etapa de transición que, básicamente, había comenzado después de la crisis del Capitaniense, aunque en algunas zonas, como Norteamérica, había comenzado incluso antes. Este cambio se realizó dando paso al dominio de las gimnospermas, dejando atrás paulatinamente al dominio de pteridospermas, cordaitales y pteridofitas, que habían tenido un buen desarrollo durante el Pérmico medio y superior. Las gimnospermas son plantas vasculares que producen semillas desnudas, es decir, que no se forman en un ovario. Estas semillas contienen el embrión de un esporofito, pero también nutrientes que le permiten que comience su desarrollo una vez que ha germinado la semilla, facilitando al embrión sobrevivir en condiciones desfavorables. Además, las gimnospermas también tienen espermatozoides que no dependen del agua para poder llegar a la ovocélula y fecundar, característica que también les permite sortear etapas de estrés hídrico. Entre las gimnospermas destacaron las coníferas, cícadas y ginkgo, y especialmente el género *Pleuromeia*, con un claro dominio sobre el resto en el Triásico Inferior y con una amplia distribución geográfica. Este género llegó a superar los 2 m de altura y supo aprovechar las malas condiciones paleoambientales en su beneficio, algo similar a lo que hizo más tarde la conífera *Voltzia* en el Triásico Medio.

Un aspecto importante a destacar es que durante la transición entre ambos tipos de flora se produjo una clara disminución en el número y la diversidad de las plantas. Este hecho redujo la acumulación de plantas necesarias para generar carbón. Así, durante esa etapa de transición entre plantas, que incluyó la transición P-T, no hubo acumulación de carbón en la Tierra, produciéndose una ausencia de este, o *coal gap*, como es más conocido este fenómeno. Esta ausencia se prolongó unos 2 Ma pero, en realidad, el carbón no volvió a producirse de la manera en la que lo hizo durante el Carbonífero o Pérmico inferior hasta que no pasaron 35 Ma, ya en el Triásico Superior, cuando las acumulaciones de cícadas, ginkgo y coníferas, las plantas dominantes de esa edad, lo propiciaron.

Los vertebrados

Dentro de los vertebrados de la transición P-T, los restos fósiles de tetrápodos, o clado[5] de vertebrados de cuatro extremidades, han recibido siempre mucha atención por parte de

---

5. Referido a una agrupación que contiene un antepasado común y todos los descendientes de ese antepasado, vivos o extintos.

los paleontólogos. Al igual que sucedió con las plantas, los estudios recientes de tetrápodos del final del Pérmico y comienzo del Triásico han arrojado muchas sorpresas.

Michael J. Benton, autor previamente citado, y gran especialista en tetrápodos, tuvo la oportunidad de viajar a zonas de Rusia que habían permanecido cerradas durante décadas a los investigadores extranjeros, zonas donde era conocido que existían yacimientos fósiles de tetrápodos de los periodos Pérmico y Triásico con material abundante y bien conservado. Sus investigaciones, realizadas junto a colegas de instituciones locales, permitieron avanzar mucho en el conocimiento de la evolución de los tetrápodos de estas edades, pues el registro paleontológico ruso mostraba continuidad y pocas interrupciones. Además, sirvió para establecer comparaciones con yacimientos de otras zonas que también estaban proporcionando buenos hallazgos, como las cuencas del Karoo y el suroeste de Estados Unidos. Este autor concluyó que la extinción masiva del final del Pérmico tuvo "un impacto notable" en los tetrápodos. Esta conclusión, sin embargo, tampoco excluía la idea de que la extinción de los tetrápodos en la transición P-T había sido sobredimensionada, idea sostenida por algunos autores como el también citado anteriormente Spencer G. Lucas.

Los tetrápodos, al igual que otros grupos de animales, tuvieron que sortear la crisis del final del Capitaniense antes de llegar a la del límite P-T. Aquellos que lo consiguieron, como dicinodontos, gorgonópsidos y cinodontos, estaban representados básicamente por dos géneros herbívoros, pertenecientes a dos linajes distintos del clado amniota de vertebrados. De ellos podemos destacar dos géneros: *Dicynodon*, que tenía boca córnea, como la de las tortugas, pertenecientes a linaje de los sinápsidos, vertebrados que mostraban perforaciones tras las órbitas de los ojos, y *Pareiasaurus* (figura 13), un reptil de cráneo voluminoso pero sin perforaciones, característica importante del linaje de los anápsidos. Tenía un cuerpo protegido por placas, por lo que algunos autores consideran que pudo ser antecesor de las actuales tortugas.

FIGURA 13

Género *Pareiasaurus* y flora de *Glossopteris*. Representa lo que sería un paisaje del Pérmico después de la crisis del Capitaniense. Este género de tetrápodo anápsido fue de los afortunados que sobrevivió a dicha crisis.

FUENTE: SARA LÓPEZ CERVERA (@SARA_ZEPOL).

Estos tetrápodos que consiguieron escapar de la crisis del final del Capitaniense padecieron, sin embargo, serios problemas para afrontar la crisis del final del Pérmico, pues apenas tuvieron tiempo de recuperarse en los pocos millones de años que separaban ambas crisis. Según estima Benton con base en los estudios realizados en Rusia, en esta última crisis desaparecieron el 49% de las familias, además del 67% de vertebrados anfibios. Estos datos se complementan bien con los obtenidos en la cuenca del Karoo, de donde posiblemente procede el mejor registro de tetrápodos de la transición P-T. Roger Smith, autor citado también anteriormente y gran conocedor de la cuenca del Karoo, estimó que la extinción ligada al límite P-T debió de producirse rápidamente, en menos de 50 000 años y, sobre el estudio de 225 ejemplares, estimó que la extinción alcanzó al 69% de los géneros, es decir, que de los 13 géneros que había justo antes de dicho límite solo sobrevivieron cuatro: *Tetracynodon*, *Moschorhinus*, *Ictidosuchoides* y *Lystrosaurus*. Estos géneros pertenecen a diferentes clados que se abrieron camino después de la extinción del límite P-T. De estos clados destacaron dos: los arcosaurios, que incluiría posteriormente a los dinosaurios y aves, y los cinodontos, progenitores de los mamíferos. El clado dicinodonto, sin embargo, acusó con más intensidad la crisis del límite P-T, como fue el caso del género *Dicynodon*, arriba expuesto. Sin embargo, dentro de los dicinodontos, el género *Lystrosaurus* (figura 14), que apenas sobrevivió 1 Ma, aprovechó su oportunidad para diversificarse mucho y extenderse por áreas muy distantes geográficamente adaptándose a unas condiciones ecológicas muy deterioradas. El *Lystrosaurus* vivió acompañado de reducidos grupos de pequeños reptiles carnívoros, algunas especies de anfibios y una vegetación poco abundante en general, donde sería frecuente el género *Pleuromeia*, planta de tipo helecho, o pteridofita. El *Lystrosaurus*, sin embargo, debió dominar los espacios en una profunda soledad, pues representa el 95% de los restos fósiles encontrados en el Karoo.

Figura 14

Lystrosaurus, con mayor tamaño, y *Galesaurus*. Dos géneros que sobrevivieron a la crisis del límite P-T y que convivieron con *Pleuromeia*, un género de tipo helecho, o pteridofita, que también sorteó esa crisis.

Fuente: Sara López Cervera (@sara_zepol).

La nueva crisis que hizo desaparecer al *Lystrosaurus* tras 1 Ma de reinado total también afectó al resto de los tetrápodos, de los que llegaron a extinguirse la mitad de las familias. Casos como el del *Lystrosaurus*, es decir, que consiguen sobrevivir a una extinción masiva, pero terminan desapareciendo poco después, es conocido en paleontología como *dead clade walking*, algo así como "clado muerto caminando", término prestado de las novelas del detective Sherlock Holmes y utilizado por el paleontólogo antes citado David Jablonski. Es sorprendente, pero los tetrápodos se reorganizaron rápidamente tras esta última crisis, dando incluso origen a nuevas familias, especialmente amniotas. Sin embargo, 3 Ma después, todavía en el Triásico Inferior, este grupo sufrió nuevamente otra crisis que llevó a la extinción al 27% de sus familias, y hasta un 67% de los vertebrados anfibios que quedaban. Hay autores que consideran que la recuperación definitiva de los tetrápodos no llegó hasta pasados los 15 Ma después de la extinción del P-T, es decir, ya en el Triásico Medio. Este comienzo del Triásico con crisis y recuperaciones recurrentes lo experimentaron muchos grupos de animales y, como veremos en el siguiente capítulo, estuvo motivado por nuevos pulsos de vulcanismo de los *Siberian traps*.

Los insectos

El cambio experimentado por los insectos a través de la transición P-T también muestra sorpresas. Conrad Labandeira, investigador del Museo Nacional de Historia Natural de Washington, es uno de los especialistas internacionales más destacados sobre la evolución de los insectos, pero también en los efectos que estos han producido en la polinización y la evolución de las plantas y, por ello, también en la alimentación y evolución de los herbívoros. Tener en cuenta estos aspectos es de gran importancia, porque a los insectos se les suele dar un papel secundario cuando se habla de extinciones masivas, sin embargo la polinización que realizan puede ser clave para asentar o eliminar una especie. Por ejemplo, en la actualidad, el 35% de la producción mundial de alimentos proviene de plantas polinizadas por insectos. A pesar de su importancia, Chalotte L. Outhwaite, del University College de Londres, en un artículo de 2022 sobre las tierras de cultivo publicado en la revista *Nature*, advierte que el cambio climático, los insecticidas, la pérdida de hábitats y el desarrollo de monocultivos, han provocado un descenso del 50% en el número de insectos y un 27% en el de especies. Se trata de valores medios, pero nos hacen ver como los insectos son, en gran medida, los elementos "invisibles" de los ecosistemas.

Olvidando por un momento los datos de la actualidad, Conrad Labandeira considera que el número de familias de insectos ha mostrado una tendencia general de crecimiento desde que aparecieron en la Tierra, a comienzos del Devónico, hace algo más 400 Ma. La sorpresa era que esta tendencia mostró su caída más importante durante el Pérmico, alcanzando su pico más bajo justo en el límite P-T; es decir, ese número ya venía cayendo en picado desde hacía varios millones de años antes de la extinción del límite P-T, lo que indica que la crisis no llegó con ese límite, sino que culminaba en él. Las ideas clásicas que colocaban el límite P-T como el momento de mayor extinción se veían nuevamente descolocadas.

En la actualidad hay 32 órdenes de la clase *Insecta* (orden es el rango por debajo de clase), de los cuales 22 son ya conocidos desde el Pérmico. En la crisis que sufrieron durante el desarrollo del Pérmico se extinguieron ocho órdenes, y otros cinco de ellos perdieron muchas familias. Parte de los órdenes que desaparecieron pertenecían al grupo de los paleópteros, del griego *palaeos*, 'antiguo', y *pteron*, 'ala' ('alas antiguas'), un grupo primitivo de insectos que no podían plegar las alas sobre el cuerpo cuando se posaban, como sucede con las libélulas, o "dragones voladores", que ya volaban en el Pérmico. El mecanismo para plegar las alas, como sucede con los escarabajos y los saltamontes, lo obtuvieron los neópteros, del griego "alas nuevas", que hoy representan al 98% de los insectos que nos rodean. A pesar de las enormes ventajas que trajo la posibilidad de plegar las alas, algunos ejemplares de paleópteros, como las propias libélulas, cruzaron el umbral del límite P-T mostrando su presencia a lo largo del Triásico, como el ejemplar de la figura 15, encontrado por nuestro grupo de investigación en el Triásico Medio de la cordillera ibérica.

FIGURA 15

Ala fósil del Anisiense (Triásico Medio) de la cordillera ibérica. *Odonatoptera*. Especie rubra sp. nov. Corresponde al ala derecha del animal. Espécimen del holotipo Ant-100c. Las letras corresponden a las venas y ramas.

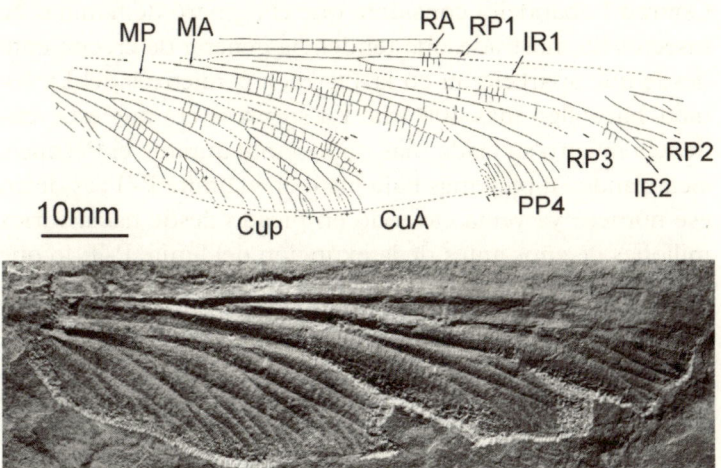

FUENTE: HALLAZGO Y ESTUDIO POR BÉTHOUX *ET AL.* (2009). FOTO OBTENIDA CON PERMISO DE *JOURNAL OF IBERIAN GEOLOGY*, 35(2), PP. 179-184, SPRINGER. EJEMPLAR DEPOSITADO EN EL MUSEO PALEONTOLÓGICO DINÓPOLIS, EN TERUEL.

Debido a la fragilidad de sus cuerpos, los insectos tienen muchas posibilidades de no conservarse fosilizados, y mucho menos el cuerpo completo. Es evidente que el registro fósil de insectos que se ha encontrado debe representar una parte ínfima de los que hubo. A pesar de los esfuerzos de Labandeira y otros especialistas, los datos numéricos obtenidos a nivel de género para los periodos Pérmico y Triásico son todavía escasos.

CAPÍTULO 8

La vida detrás de la muerte. Otra vez a empezar

¿Cómo era la vida después de la crisis?

Hasta hace pocas décadas, el Triásico Inferior, que lógicamente fue la época que recogió la peor parte de la extinción masiva del límite P-T, era denominado Escitiense, palabra que hace referencia a un antiguo grupo tribal cuyas hordas arrasaron diferentes civilizaciones de lo que hoy sería parte de Asia Central y Ucrania. Pero esta no fue solo una historia de desastre, podríamos llamarla "agridulce", pues esos pueblos, también según la historia, resurgieron con fuerza de sus escombros para terminar formando una civilización próspera. El término Escitiense hoy está en desuso, ya que los progresos en las dataciones radiométricas nos han permitido llegar a una mayor precisión en las edades del Triásico Inferior y ahora lo dividimos en Induense y Olenekiense (figura 7). Sin embargo, el espíritu de la palabra ha quedado como el reflejo de lo que debió de ser el Triásico Inferior tras la extinción masiva del límite P-T, una época con los ecosistemas alterados o destruidos donde la escasa fauna y flora que logró sobrevivir tuvo que buscar la manera de recuperarse, es más, llegar incluso a encontrar formas evolutivas más eficaces que las que dejaron atrás.

La recuperación de una zona devastada por un desastre natural, como puede ser un incendio o un terremoto, deja también abierta la posibilidad para que individuos de zonas vecinas intenten encontrar oportunidades para prosperar; es decir, la recuperación de la zona dañada no es un tema que atañe solo a los individuos que sufrieron los daños. Este aspecto es muy interesante, porque los vecinos recién llegados no suelen encontrar competidores, pues la situación es tan mala que la idea principal que todos anhelan es simplemente salir adelante. En estas condiciones, la especialización de la fauna y la flora se ve favorecida, y con ello también la aparición de nuevas especies. Lógicamente, la especialización prospera cuando las nuevas especies encuentran su nicho. Conviene también resaltar que algunos grupos que logran sobrevivir llegan a hacerse más fuertes de lo que fueron antes de la crisis, y en esos casos sí pueden generarse conflictos de competencia con los recién llegados. Esta situación lleva su tiempo, que en nuestro caso es el periodo que abarca desde la extinción masiva hasta la recuperación, o tiempo de supervivencia, etapa que, como veremos en este capítulo fue especialmente prolongada, de casi 5 Ma, y la más larga cuando se compara con la de las otras cuatro principales extinciones masivas.

En el periodo de supervivencia, que se supone duro, aparecen protagonistas muy particulares, oportunistas, algo que recuerda al personaje de Harry Lime (Orson Wells) en la película *El tercer hombre* (1949), de Carol Reed, que trafica con penicilina adulterada en una Viena devastada tras la guerra. También en las etapas de supervivencia estos elementos son conocidos como parte de una fauna o flora "oportunista". Uno de los ejemplares más destacados es el bivalvo del género *Claraia*, parecido a la actual vieira, que supo aprovechar las desventajas que ofrecían los ecosistemas deteriorados para colonizar y proliferar rápidamente las zonas marinas poco profundas. Este pequeño bivalvo persistió casi 5 Ma sin dejarse desplazar de su nicho, hasta que la recuperación de otras especies fue cogiendo fuerza y *Claraia* comenzó a tener serios problemas de competencia, terminando por extinguirse.

Otro caso similar al de *Claraia* es el del género *Lingula*, braquiópodo inarticulado que también supo aprovechar las malas condiciones del comienzo del Triásico para medrar, pero que ha tenido la habilidad de llegar hasta nuestros días a pesar de las competencias que ha ido encontrando en el camino. Un auténtico "fósil viviente". Este braquiópodo fue capaz de soportar las condiciones disaeróbicas, de bajo contenido en oxígeno, que alcanzaron las plataformas someras de los mares de comienzos del Triásico. Su adaptación fue tal que, en algunos yacimientos fósiles, como es el caso de la formación Dinwoody, en el oeste de Estados Unidos, representa la mitad de los individuos encontrados. *Lingula* no es únicamente un ejemplo de supervivencia, sino de progresiva adaptación, similar a lo que comentábamos de la respuesta de las civilizaciones devastadas por las hordas Escitienses. Yuanqiao Peng, de la Universidad de Melbourne, ha descrito cómo este braquiópodo fue mejorando sus habilidades para ocupar nuevos nichos, siendo incluso capaz de instalarse en zonas más profundas del mar y alcanzar un amplio rango de latitudes. Tanto *Claraia* como *Lingula* han sido llamados "taxones desastre", haciendo referencia al momento en el que aparecen y el desarrollo que adquieren.

Otro ejemplo particular de colonización en la etapa de supervivencia es el de las microbialitas. Se trata de láminas que se acumulan unas sobre otras como resultado de la sucesión de capas constituidas por microbios y los sedimentos que estos atrapan. Las capas superiores de esta sucesión, que todavía mantienen actividad microbiana, cubren aquellas que van dejando de tenerla, y que a su vez se van endureciendo y transformando en roca, y así sucesivamente. Con el tiempo, este proceso desarrolla edificios que pueden superar varios decímetros de altura, y que nos puede recordar a las capas superpuestas que vemos en una lasaña. Estos crecimientos pudieron adquirir formas más convexas, o dómicas, y constituir arrecifes de varios metros de desarrollo, pero que ya no fueron de corales tabulares o rugosos, pues habían desaparecido en el límite P-T. También pudieron crecer en forma de cabezas, de varios decímetros de altura, llamados estromatolitos. Es interesante recordar que estas estructuras microbianas, formadas por la actividad de cianobacterias, o bacterias capaces de hacer la fotosíntesis, ya existían en aguas poco profundas hace más de 2000 Ma, cuando solo los océanos estaban habitados, lo que nos hace pensar que en la recuperación de comienzos del Triásico se llegaron a "copiar" formas de vida muy primitivas, al fin y al cabo, no dejaba de ser una apuesta conocida y segura. Pasada la etapa más dura de supervivencia, ya en el Triásico Medio, las estructuras microbialíticas desarrollaron corales escleractinios, conocidos como corales duros, que sirvieron de base para el desarrollo posterior de otros corales en colonias cada vez más sofisticadas, como las que conocemos en la actualidad, pero también sirvieron de refugio de animales como los ostrácodos, gasterópodos o braquiópodos, que además contribuyeron a desarrollar esas colonias. A pesar de ello, los estromatolitos, como sucede con *Lígula*, han sabido sortear las diferentes extinciones hasta llegar a nuestros días, y hoy podemos apreciarlos en las costas del noreste de Australia o en Bahamas.

Los caminos para la supervivencia llegan a ser muy complicados. *Claraia*, *Lingula* y los estromatolitos hicieron su trabajo, y luego pasaron a un segundo plano, o desaparecieron. Otras "estrategias", sin embargo, fueron al revés, como es el caso de los "grupos desaparecidos" que, por sorpresa, vuelven a aparecer justo en el momento de supervivencia, el peor de todos. David Jablonski se refirió a este caso como "taxón Lázaro", haciendo referencia al evangelio de san Juan, cuando Lázaro es resucitado por Jesús a petición de la hermana de aquel, María. El caso es que algunos géneros de gasterópodos, braquiópodos o bivalvos, entre otros grupos, habían "desaparecido" en la crisis del final del Capitaniense, en el Pérmico medio, pero "aparecieron" a comienzos del Triásico, cuando la situación no podía ser más complicada. Algunas estimaciones recientes indican que el 30% de los gasterópodos que aparecen en el Triásico Inferior fueron "taxones Lázaro". ¿Cómo llegaron a aparecer una vez que habían sido considerados desaparecidos? Hoy todavía no hay una respuesta satisfactoria.

Además de los géneros oportunistas y los que aparecieron por sorpresa, también se han descrito casos relacionados con la pérdida de tamaño; es decir, que algunos grupos que consiguieron sobrevivir a la transición del P-T lo hicieron a través de los ejemplares de menor tamaño. Jonathan Payne, de la Universidad de Harvard, observó en estudios realizados en afloramientos de Utah, al oeste de su país, como los caracoles que llegaron al Triásico Inferior lo hicieron con un tamaño dos veces más pequeño que el que tenían antes de la extinción. El hecho de que esta circunstancia apareciera también en otras zonas muy distantes de Utah hizo pensar a Payne que podría estar relacionado con el estrés que sufrían los ecosistemas en ese momento, incluyendo la disminución del oxígeno o la escasez de alimentos en sus hábitats, pero también debido a la presión de los predadores, o todo a la vez. Algunos autores han denominado a este fenómeno como "efecto Liliput", en referencia a la nación ficticia poblada por habitantes de pequeño tamaño que describió Jonathan Swift en su obra *Los viajes de Gulliver*, en 1726.

¡Otra vez los *Siberian traps*!

Es interesante destacar que las investigaciones que se realizan sobre las extinciones masivas tienen más trabajos relacionados con los motivos que las causaron que con las etapas posteriores de recuperación. De hecho, los investigadores chocaron con algo inusual cuando comenzaron a describir en detalle cómo fue la recuperación tras el límite P-T. Lo que vieron, sencillamente, fue que los patrones de recuperación de algunos grupos no terminaban de definirse, pues se veían interrumpidos en diferentes ocasiones durante la etapa de casi 5 Ma que siguió a la extinción masiva, es decir, hasta el Anisiense, o comienzo del Triásico Medio. Solo cuando llegó este momento, se pudo decir que la recuperación se había encarrilado y ya no mostraba tropiezos. La pregunta de los investigadores no se hacía esperar: ¿qué es lo que estaba retrasando la recuperación y por qué se interrumpía en este caso más que en otras extinciones masivas? La primera idea que llegó a la cabeza de muchos paleontólogos era sencilla, y tenía su lógica: que los efectos de los vulcanismos de los *Siberian traps* fueron tan severos, que los ecosistemas necesitaron mucho tiempo para recuperarse. Esta idea despertó otras posibilidades. Nuevamente J. Payne, que ya había publicado trabajos en los que demostraba el importante aumento de CO_2 en el límite P-T y que mostramos en la figura 7B con un pico negativo de la relación $^{13}C/^{12}C$, pudo comprobar, en 2007, que también había otros picos a lo largo de todo el Triásico Inferior. Esto fue muy sorprendente, porque los resultados de sus análisis indicaban que las emisiones de CO_2 desde los *Siberian traps* durante los casi 5 Ma posteriores al límite P-T fueron cinco veces superiores a las emitidas en el propio límite, aunque aquellas se produjeron en un tiempo más prolongado. Nuevamente la respuesta fue rápida, se tenía que tratar de varios pulsos intensos de emisiones volcánicas que alternaban con etapas cortas de calma: ¡los *Siberian traps* otra vez! Ya solo faltaba comprobarlo, y para ello, había que volver a trabajar con los basaltos siberianos y obtener edades más precisas, es decir, que nos indicasen cuántas fases de vulcanismo intenso se habían producido durante el Triásico Inferior. En menos de seis años después de la publicación de Payne, diferentes autores, como Jun Shen, de la Universidad de Wuham, China, o el ya citado Svensen, llegaron a detectar hasta cuatro pulsos de gran intensidad volcánica en el Triásico Inferior (con asteriscos en la figura 7B), es decir, aproximadamente un pulso cada millón de años después de la extinción del límite P-T.

En una línea de investigación nueva, mis compañeros y amigos José F. Barrenechea y Violeta Borruel, de la Complutense de Madrid, y Belén Galán, de la Autónoma de Madrid, han conseguido demostrar el aumento de la acidez en algunos de estos pulsos del Triásico Inferior mediante la presencia y crecimiento de minerales fosfatos-sulfatos alumínicos, o minerales APS, pertenecientes al grupo de la alunita, en el registro sedimentario. Estos minerales solo aparecen en condiciones ácidas, y estos autores han mostrado que su presencia en medios continentales coincidía con la ausencia de fauna y flora en ese registro sedimentario, apoyando, de este modo, la aparición de nuevas franjas de crisis dentro de la etapa de recuperación de la extinción del límite P-T.

El resultado de estas investigaciones era muy claro, ni la fauna ni la flora terminaban de recuperarse, porque los periodos de calma entre las diferentes emisiones de los *Siberian traps* eran muy cortos y los ecosistemas no alcanzaban la capacidad para regenerar la vida. Cada pulso volcánico era volver a la casilla de partida, es decir, volver a la figura 9, donde todo se viene abajo, como había sucedido en el límite P-T. Y así hasta que cesó el vulcanismo de Siberia, después de 5 Ma de espera y sufrimiento, para dar un paso definitivo hacia la recuperación de la fauna y la flora, y a nuevas formas de vida.

Cuando la recuperación comenzó, lo hizo siguiendo unas pautas que son comunes en las etapas posteriores de todas las extinciones masivas. Las primeras en diversificarse fueron las plantas y otros grupos que realizaban la fotosíntesis, asegurando de ese modo la base de la cadena de alimentación. Después irían llegando otros grupos, hasta terminar en los depredadores, los últimos en recuperarse. De este modo, y como vemos en la figura 11, la vida empezó a buscar sus huecos hasta llegar a nuestros días. Esta vida que se recuperaba todavía tropezaría con varias extinciones menores y dos extinciones masivas mayores hasta hoy, pero ya estaba abierta a la aparición de nuevos grupos, como los dinosaurios, las aves y los mamíferos, y el *Homo sapiens*, desde hace solo unos 315 000 años.

¿Qué hemos aprendido?

Los datos que aportan los estudios sobre la extinción masiva del P-T lo dejan muy claro: la extinción se debió al volumen inmenso de gases emitidos por la actividad volcánica de los *Siberian traps*, especialmente el CO_2, que alteraron la atmósfera y los ecosistemas oceánicos y continentales. Este gas es fundamental para la vida, pero su exceso provoca daños irreversibles en muchos ecosistemas; como decía Paracelso, alquimista, médico y astrólogo suizo nacido en 1493: "La dosis hace el veneno". Cabe preguntarse ahora, en este epílogo, si hemos aprendido algo de lo sucedido en el límite P-T. La respuesta está en cómo afrontamos los datos que los científicos nos muestran sobre el aumento progresivo de CO_2 en la atmósfera y su relación con nuestra forma de vida.

Hoy tenemos un importante problema a escala mundial debido al aumento exponencial en el contenido de CO_2 en la atmósfera registrado en los últimos 75 años. En este tiempo, la población mundial se ha duplicado, la energía global que se consume es cinco veces mayor, y las emisiones de CO_2 se han cuadruplicado. Como resultado más inmediato de esto tenemos un aumento de la temperatura media global, y de la acidez, el enemigo silencioso. Ante esta situación preocupante, en la Conferencia sobre Cambio Climático de 2015 en París (COP21) se acordó tomar medidas para no llegar a superar en 1,5 °C la temperatura media global respecto a la época preindustrial. Desgraciadamente, siete años después la temperatura ya está en torno a 1,3 °C, y el mes de julio de 2023 fue el periodo más caliente conocido desde hace 120 000 años, superando puntualmente los temidos 1,5 °C. Por si fuera poco, los informativos no dejan de comunicarnos que en los últimos años se están batiendo todo tipo de récords de temperaturas. Y ahora, cerrando estas páginas, ya nos están diciendo que el invierno que hemos terminado en 2024 ha vuelto a superar todos los récords de temperaturas altas.

Si utilizamos los datos expuestos en este libro, sabemos que la concentración de CO_2 en la atmósfera durante el límite P-T pudo oscilar entre 2500 y 3500 partes por millón (ppm), y provocó la subida de entre 6 °C y 10 °C de la temperatura media global en un tiempo aproximado de 20 000 años. La concentración en la época preindustrial era de 280 ppm, y desde entonces este gas se ha incrementado en un 45%, alcanzando una concentración en torno a 412 ppm en 2023, con un incremento medio de la temperatura global en torno a esos 1,3 °C que antes citábamos, pero en solo 150 años. El mismo panel internacional de París antes mencionado (COP21) señala que de no cambiar nuestro ritmo de vida, la temperatura media global podría alcanzar una subida de 4 °C en el año 2050, dentro de solo 27 años. Pero los malos augurios no terminan, pues René M. van Westen y colaboradores, de la Universidad de Utrecht, acaban de publicar en *Science Advances*, que el deshielo producido en Groenlandia debido al aumento global de las temperaturas está incorporando una inmensa cantidad de agua fría y dulce al Atlántico hasta el extremo de que estas aguas están ralentizando las corrientes cálidas que llegan desde el sur del Atlántico y, paradójicamente, pueda producirse un enfriamiento severo en algunos países costeros del norte de ese océano en las próximas décadas.

El capítulo 7 del libro ha podido sorprendernos al mostrar cómo se desmoronó la vida en la Tierra tras los diferentes cambios originados por el vulcanismo siberiano, y especialmente por la subida de la temperatura media global. En términos generales, como apuntaba Douglas H. Erwin, se extinguió el 90% de las especies marinas y el 70% de las familias de vertebrados terrestres, en un proceso destructivo y encadenado de miles de años. A los expertos del cambio climático, sin embargo, ya no les sorprende que tanto la subida de la temperatura media global como la alteración de los ecosistemas que estamos experimentando en la actualidad compartan con la crisis y extinción del límite P-T el aumento del CO_2 como factor decisivo.

Es común que la gente conozca qué sucedió en la extinción del límite P-T, o cómo se produjo la de los dinosaurios, pero también es fácil que desconozca que en la actualidad, en solo 50 años, se ha perdido el 60% de la fauna salvaje terrestre, el 90% de los peces de mayor tamaño y el 50% de los insectos en las tierras cultivadas de las zonas tropicales, y que solo el 30% de las aves que habitan el planeta lo hacen en libertad. El ritmo de desaparición de las especies es 1000 veces más rápido que el que sucede en los procesos naturales. Richard Leakey, uno de los miembros de la conocida familia de paleontólogos que estudiaron los orígenes de la humanidad en Kenia, ya dejaba caer en 1995 que estos datos nos pueden hacer pensar que estamos en el comienzo de una nueva extinción masiva, que sería la sexta, tras las otras cinco principales conocidas. Y quizá no iba descaminado, pues esta idea cada vez tiene más respaldo.

Está claro que si hemos aprendido algo con la extinción del P-T es que no vamos por el buen camino, que no estamos haciendo bien las cosas y que tenemos que cambiar cuanto antes esta forma desaforada de producir y poseer al precio que sea. Un ejemplo sencillo volviendo al CO_2: según WWF, los alimentos que importamos recorren una media de 4000 km hasta llegar a la mesa, y podemos hacernos una idea de lo que esto representa si tenemos en cuenta que el transporte de una naranja que haga un trayecto de Suráfrica a España emite unos 50 kg de CO_2, y que un tercio de esos alimentos se echan a perder por el camino. Evidentemente, no es una buena manera de hacer mercado, cualquiera pensaría que es insensato, pero lo peor es que, según esta misma institución, más del 90% de los ciudadanos desconocen este tipo de datos.

Las cuentas no salen si ponemos el foco en solo unas décadas más adelante. Por ejemplo, la cantidad de CO_2 emitida por el ser humano nunca ha sido tan elevada como ahora y, aunque aproximadamente la mitad de este gas es capturada por la vegetación y los océanos, la otra mitad termina en la atmósfera, donde todavía puede perdurar un siglo, o más, alterándola. Aunque las emisiones de gas que producimos no sean la única causa del aumento de la temperatura media global, está claro que las inmensas cantidades emitidas en tan poco tiempo representan un factor determinante, especialmente cuando sabemos que el aumento de unas décimas de grado en esta temperatura puede ser suficiente para alterar irreversiblemente muchos ecosistemas y nuestra propia vida, especialmente la de los colectivos más vulnerables.

El PIB de un país, o a escala mundial, no es una buena manera de medir nuestro bienestar ni el del planeta, porque, para este índice, el producto final es lo único que cuenta, no el coste de producirlo ni quiénes se benefician de ello. Por supuesto, la naturaleza no tiene cabida en esta ecuación, a pesar de que se ha comprobado que en 2011 los beneficios que esta reportó representaron casi el doble del PIB mundial y, en gran medida, gratis. De forma estricta, para el PIB de un país, el beneficio o producto generado por un árbol sería lo que cuesta el kilo de su madera, no el oxígeno que nos proporciona. El ejemplo anterior de la naranja también podríamos incluirlo aquí. A pesar de ello, se estima que entre 2016 y 2040 se duplicará el PIB global.

Vivimos en un planeta complejo, su naturaleza es frágil, pero a su vez tiene una gran capacidad de generar energía y de renovarse. Hemos conocido que los daños sobre la Tierra se pueden encadenar llegando a ser reproducidos en todas las direcciones, como sucedió en la crisis del límite P-T, pero también hemos visto como la vida volvía a resurgir casi de la nada tras este episodio. Y, sobre todo, hemos visto lo que representa el tiempo para este planeta, y como algunos procesos se desarrollan en cientos, miles o millones de años, incluyendo aquellos que el mismo planeta necesita para recuperarse. Bajo esta óptica, es urgente calcular, más que nunca, las consecuencias de nuestro desarrollo, porque nosotros vivimos a otra escala temporal, pero nuestras acciones pueden perdurar mucho tiempo en el planeta, la mayoría más que nosotros mismos.

Es evidente que se han empezado a hacer cosas, cada vez hay más gente concienciada empujando a nuestros representantes políticos para meter estos temas en sus agendas, y hay multinacionales que, incluso, ven un negocio en este cambio necesario. Desde la ciencia tenemos que ayudar a promoverlo, pues nunca hemos tenido tanta información como ahora. Quizá, como apunta Enric Sala, biólogo de *National Geographic*, y galardonado por su empeño en la conservación de los océanos: "La lucha contra el cambio climático puede ser una oportunidad para llegar a alcanzar un capitalismo más inclusivo y una política más distributiva". No se puede bajar la guardia, porque ya vamos tarde.

Agradecimientos

Este trabajo pretende ser un libro de divulgación. Para ello he recopilado mucha información que, en gran medida, ha sido obtenida a lo largo de varias décadas mediante proyectos de investigación, todos ellos con financiación pública. Pero lo mejor es que este recorrido por los periodos Pérmico y Triásico lo he realizado junto a otros colegas, muchos de ellos amigos, y esta ha sido la parte más satisfactoria. Es difícil hacer una relación de estos compañeros sin dejar fuera a algunos, por lo que ya me disculpo de antemano.

De los más cercanos geográficamente debo empezar por Alfredo Arche, como mentor y siempre inspirador de buenas ideas, y Henar, Raúl, Belén, Baba, Violeta, María José y Javier Luque, de los que he aprendido y con los que he pasado tan buenos ratos; también, con José Fernández Barrenechea y Javier Martín Chivelet, con los que he codirigido proyectos, me enseñan y siempre andan cerca. Y en otras provincias, pero también próximos, donde están Ana, Leopoldo, Alberto, Marceliano, Carlos, Nemesio, Fidel y Bienvenido, sin olvidarme de los de fuera, Ausonio, Piero, Sylvie, Tom, Teresa, Ricardo Palma y Luis Buatois; con todos ellos he participado en artículos científicos y campañas de campo y he disfrutado de su compañía. Y Miriam y María, que todavía no trabajan en el Pérmico y Triásico, pero siempre apoyan y dan ánimo, al igual que a Carmen Guerrero y Arantza Chivite, que desde el inicio empujaron este proyecto en la editorial, y Jesús Martínez Frías y nuevamente José F. Barrenechea por sus oportunos comentarios sobre el texto. Y finalmente los de casa, los más importantes, Jaime, Sara y Áurea, siguiendo y apoyando el proyecto con cariño y expectación, y para el que Sara ha realizado tres figuras, las mejores del libro, y Áurea se ha leído, no sé cuántas veces, las primeras versiones. Gracias a todos.

Bibliografía

La bibliografía referente a la extinción de la transición entre los periodos Pérmico y Triásico ha proliferado mucho en los últimos años. Hay un sinfín de artículos publicados en revistas científicas, la mayoría accesibles desde bibliotecas especializadas. Los libros y enlaces electrónicos o audiovisuales que muestro recogen la mayoría de los temas tratados en este libro, y la bibliografía que aquellos contienen puede ser un punto de partida para profundizar más en dichos temas. Entre estos libros, también incluyo títulos en los que se abordan aspectos que son de gran relevancia en nuestros días, como la alteración actual de los ecosistemas o el cambio climático, temas que nos sirven para reflexionar y comparar lo que la Tierra experimentó durante la crisis del límite P-T y las consecuencias que estamos viviendo debido a nuestro estilo de vida.

ANDERSON, A. *et al.* (2011): "Effects of ocean acidification on benthic processes, organisms, and ecosystems", en J. P. Gattuso y L. Hansson (eds.), *Ocean Acidification*, Oxford University Press, Oxford.

BENTON, M. J. (2003): *When life nearly died. The greatest mass extinction of all time*, Thames & Hudson, Londres.

COURTILLOT, V. (1999): *Evolutionary Catastrophes: The Science of Mass Extinction of All Time*, Thames & Hudson, Londres.

COWEN, R. (2000): *History of life*, Blackwell Sciences, Massachusetts.

Erwin, D. H. (2006): *Extinction. How Life on Earth Nearly Ended 250 Million Years Ago*, Princenton University Press, Nueva Jersey.

Grupo Intergubernamental de Expertos sobre Cambio Climático (IPCC) (2019): *Climate Change and Land: an IPCC Special Report on Climate Change, Desertification, Land Degradation, Sustainable Land Management, Flood Security, and Greenhouse Gas Fluxes in Terrestrial Ecosystems*, disponible en https://lc.cx/uvSOUo.

Hallam, T. (2004): *Catastrophes and lesser calamities. The causes of mass extinctions*, Oxford University Press, Oxford y Nueva York.

Hickel, J. (2021): *Menos es más. Cómo el decrecimiento salvará el mundo*, Capitán Swing, Madrid.

Martín Chivelet, J. (2016): *Memorias de un clima cambiante. Claves científicas para enfrentarse al cambio climático*, Descubrir la Ciencia, Valencia.

Ruddiman, W. F. (2008): *Los tres jinetes del cambio climático: una historia milenaria del hombre y el clima*, Turner, Madrid.

Sala, E. (2020): *La naturaleza de la naturaleza. Por qué la necesitamos*, Ariel, Barcelona.

Stow, D. (2010): *Vanished Ocean. How Tethys reshaped the World*, Oxford University Press, Oxford.

Valladares, F. *et al.* (2022): *La salud planetaria*, CSIC-Los Libros de la Catarata, Madrid.

Viñas, J. M. (2005): *¿Estamos cambiando el clima?*, Equipo Sirius, Madrid.

Wignall, P. B. (2015): *The worst of times. How life on Earth survived eighty million years of extinctions*, Princenton University Press, Princenton y Oxford.

DOCUMENTALES *ONLINE*

YouTube muestra un número muy significativo de documentales relacionados con la extinción masiva del límite P-T; sin embargo, conviene dejar a un lado aquellos que carecen de rigor contrastado. Recomiendo los diferentes documentales disponibles por Michael J. Benton, de la Universidad de Bristol, y los de Benoit Beauchamp, de la Universidad de Calgary, Canadá.

Títulos de la colección
¿Qué sabemos de?